ライブラリ 大学基礎化学＝B2

# 物質の熱力学的ふるまいとその原理
## ―化学熱力学―

岡崎　進　著

サイエンス社

# 「ライブラリ 大学基礎化学」によせて

　我が国においては，過去20数年にわたって，高校までの教育体系が簡略化され，大学学部の卒業要件も緩和される方向で推移した．しかし，世界の科学・技術の進展は目覚ましく，化学においても，エネルギー・環境問題，新物質や医薬品の開発，生命科学などの基礎としての社会的要請は大きくなる一方であり，大学院における教育は益々専門化・細分化されている．このような状況にあって，大学学部における化学系教育は，新たな教育的戦略が必要となっている．

　大学における初年次教育（1年次，2年次）には，さらに特別な教育的配慮と工夫が必要であり，将来への様々な希望を持つ多様な学生に対して，柔軟な対応が求められる．例えば，「化学関連学科」に籍を置かない理系諸学科の学生に対しても，物質科学の基礎としての化学的知見は若い時に身につけてもらう必要がある．さらに言えば，広く深い物質観に基づく学術的教養とでもいうべきものは，科学者や技術者にはもちろん，政策決定に関わる人々やジャーナリストなどにも不可欠の要素であろう．もちろん，化学を記憶する学問として捉えていた学生に対して，

　　　　　　　「化学はこんなに面白かったのか！」

という気づきを与え導くことができるのは，化学者にとっては喜びに満ちた本来の課題である．

　このような背景のもと，最先端の研究を行いながら大学初年次教育にも深い経験を持つ著者陣によって，本ライブラリが刊行されることになった．本ライブラリは，

　　　「基礎領域」「物理化学領域」「有機化学領域」「無機分析化学領域」

という分類のもと，比較的伝統的な化学教育とも整合させることを意図しつつ，全体では16冊程度から構成され，学習者が従来の枠組を越境していくための後

押しになることを強く意識している．そのために，各著者には，現代学術の最先端にいる専門家として，そこに至るための学術的基礎を吟味しつつ執筆することをお願いした．このようにして，私たちは，化学が豊かに継続的に土台から発展すると信じている．

　本ライブラリは，大学初年次から始まる化学の基礎の教科書・参考書として，それぞれの領域で，教員の得意分野に応じた選択をしていただけるラインナップになっている．学年が進んだ後も，化学的基礎を再点検することができる場として戻ってこられるような，まさに「ライブラリ」として機能することを願っている．また，専門的な化学への道標として，古典的な枠組みの基礎勉強をきちんとしつつ，物質科学の枠組みと将来的なスコープをしっかり伝えることを念頭に置いた．基礎レベルではあっても時代が求めている課題を積極的に盛り込むことによって，具体的な問題意識が読者の心の中に芽生えていくことも目指している．

　化学とは，分子・物質の変換を対象とする奥の深いスリルに富んだ学問である．その背景には，化学特有の美しい「論理」が広がっている．読者には，本ライブラリを足掛かりとして，物質科学への大きな一歩を進めてくださることを期待する．

　　　2016 年 9 月

　　　　　　　　　　　　　　　　編者　東京大学名誉教授　髙塚和夫

# はじめに

　この教科書で学ぶことは，熱力学という大きな学問体系の初級コースである．後に詳しく述べるように，熱力学は自然界における巨視的な系のふるまい，その中でも特に系が示す最も安定な状態が何であるかを記述するためのものである．たとえば，化学反応平衡，相平衡，溶解平衡，電離平衡などの物質平衡については，すでに高校の課程で学んできた．ここでは高校の学習からさらに先に進んで，これらの平衡が系の最も安定な状態としてどのような原理にしたがって定まっているのか，様々な平衡に共通な普遍的な原理として学習する．

　現在，熱力学の体系そのものを研究対象としている例はほとんどない．しかしながら，逆にほとんどの研究において物質の化学的，物理的なふるまいはここで学ぶ熱力学量や熱力学的な考え方に基づいて議論され，表現されている．つまり，熱力学は自然現象を理解し，記述するための基本言語である．この意味で化学や物理，生物など自然科学に携わろうとする場合，熱力学は必須な学問となる．これはフランス文学を研究するためにはフランス語を学び，それに習熟しなければならないのと同じである．

　この教科書では，熱力学第一法則，第二法則，第三法則の三つの法則だけを出発点として，後はすべて簡単な数学を使って熱力学の体系を演繹的に導出する．出発点となる3つの法則はすべて人類が経験的に獲得した自然の法則であり，証明はない．しかしながら人類は未だこれらの法則に反する物質のふるまいを観察しておらず，法則を認めることで何の不都合も生じていない．この教科書においても，これら3つの法則は与えられた正しい法則であると位置付ける．

　また，熱力学の体系を構成していくにあたって，分子論的詳細を仮定する必要はない．つまり，原子や分子の存在を知らなくても熱力学の体系そのものは作り出すことができる．逆に，原子，分子（微視量）から出発して熱力学量（巨視量）を表すのが統計力学である．この教科書では統計力学について詳細に述べることはしない．しかしながら，物質の熱力学的ふるまいの基底には原子，分子のふるまいがあり，この教科書では物質の熱力学的ふるまいをより深く理解するためにも，必要に応じて微視的な見方を取り入れながら解説する．

# はじめに

　熱力学は具象的な学問ではなく，極めて概念的，抽象的な学問である．そして，その体系は論理の積み重ねによって構築されている．本書では，以下 14 章にわたって熱力学の体系とその応用について解説する．熱力学では 1 つのことが理解できないままになっていると，その後の理解に大きな差し障りが生じることが多い．読者諸君も丁寧に学習を積み重ねていっていただきたい．

　そのため，理解の手助けとなる演習問題を各章に付した．これは時間の制限から講義時間内には説明できないが，必ず理解しておいてほしいものを含め，復習とさらに発展的な理解を目的に作成した．宿題，演習として活用していただければと思う．そのため，各問題に対しては解答そのものではなく，解き方の指針を示した．

　最後に，本書を執筆するにあたって名古屋大学大学院生の深井基裕君には図の描画に多くの労力を割いていただいた．また，同じく名古屋大学大学院生の島航平君には演習問題の検証に大きな助力をいただいた．あらためて感謝の意を表したい．

2016 年 8 月

岡崎　進

# 目　　次

## 第 1 章　熱力学とは　　1
- 1.1　熱力学で取り扱うことがら　　2
- 1.2　熱平衡状態　　4
  - 1.2.1　互いに接した熱い鉄と冷たい鉄　　4
  - 1.2.2　酢酸とエタノールを混合したときの化学反応平衡　　6
- 1.3　熱力学は静力学であること　　8
- 1.4　熱力学が必要であること　　10
  - 1.4.1　互いに接した熱い鉄と冷たい鉄　　10
  - 1.4.2　硝酸ナトリウムの水への溶解　　11

## 第 2 章　理想気体と実在気体　　13
- 2.1　理 想 気 体　　14
- 2.2　実 在 気 体　　14
  - 2.2.1　分子間相互作用　　14
  - 2.2.2　圧縮率因子　　17
  - 2.2.3　気体の凝縮　　18
  - 2.2.4　臨　界　点　　21
  - 2.2.5　対応状態の原理　　22
  - 2.2.6　実在気体の状態方程式　　22
- 演 習 問 題　　28

## 第 3 章　熱力学第一法則，内部エネルギー　　29
- 3.1　熱力学第一法則　　30
  - 3.1.1　内部エネルギー　　30
  - 3.1.2　異なる経路の内部エネルギー変化　　31
  - 3.1.3　絶対量としての内部エネルギー　　32
  - 3.1.4　微小変化，完全微分と不完全微分　　32

|     |                                                    |     |
| --- | -------------------------------------------------- | --- |
| 3.2 | エネルギー保存則 ..................................... | 33  |
| 3.3 | 孤 立 系 ............................................ | 34  |
| 3.4 | 仕 事 .............................................. | 34  |
|     | 3.4.1 バネを押す仕事 ................................ | 34  |
|     | 3.4.2 気体がピストンを押す仕事 ....................... | 36  |
| 3.5 | 熱 ................................................. | 38  |
| 3.6 | 内部エネルギーの分子論的意味 ........................ | 39  |
| 3.7 | 示量変数と示強変数 ................................. | 40  |
| 演習問題 | ............................................... | 40  |

## 第 4 章 様々な変化の過程 — 41

| 4.1 | 気体の膨張仕事 ..................................... | 42  |
|     | 4.1.1 一定圧力を保つ外界への膨張：$P_{ex} = $ 一定 .... | 42  |
|     | 4.1.2 外界の圧力と釣り合いを保った膨張：$P_{ex} = P$ ... | 42  |
| 4.2 | 可逆過程と不可逆過程 ............................... | 44  |
| 4.3 | 最 大 仕 事 ........................................ | 44  |
| 4.4 | 内部エネルギーの温度，体積依存性 .................... | 46  |
|     | 4.4.1 定積熱容量 ................................... | 46  |
|     | 4.4.2 内 圧 ........................................ | 47  |
| 4.5 | 断 熱 過 程 ........................................ | 48  |
|     | 4.5.1 断熱過程に伴う内部エネルギー変化 ............... | 48  |
|     | 4.5.2 断熱過程に伴う温度変化 ........................ | 50  |
| 4.6 | 気体の性質に関わる様々な実験量 ...................... | 52  |
| 演習問題 | ............................................... | 53  |

## 第 5 章 熱とエンタルピー — 55

| 5.1 | エンタルピー ....................................... | 56  |
| 5.2 | 定圧熱容量 ......................................... | 57  |
| 5.3 | 発熱過程，吸熱過程とエンタルピー変化 ................ | 58  |
| 5.4 | 標準エンタルピー変化 ............................... | 59  |
|     | 5.4.1 標 準 状 態 ................................... | 59  |
|     | 5.4.2 転移のエンタルピー変化 ........................ | 60  |

- 5.4.3 標準反応エンタルピー ... 61
- 5.4.4 標準生成エンタルピー ... 61
- 5.4.5 標準反応エンタルピーの計算 ... 62
- 5.5 反応エンタルピーの温度変化 ... 65
- 5.6 ジュール–トムソンの実験 ... 65
- 5.7 ジュール–トムソン係数 ... 67
- 演習問題 ... 69

## 第6章 カルノーサイクルと熱力学第二法則　71

- 6.1 カルノーサイクル ... 72
- 6.2 カルノーサイクルにおける熱力学量の変化 ... 75
- 6.3 カルノーサイクルの熱効率 ... 76
- 6.4 熱力学第二法則 ... 77
- 6.5 熱効率の簡単な例 ... 78
  - 6.5.1 熱機関 ... 78
  - 6.5.2 ヒートポンプ ... 79
- 演習問題 ... 80

## 第7章 エントロピーと熱力学第三法則　81

- 7.1 エントロピー ... 82
  - 7.1.1 新たな保存量 ... 82
  - 7.1.2 任意の可逆循環過程 ... 83
- 7.2 新しい状態関数, エントロピー ... 84
- 7.3 不可逆過程のエントロピー変化 ... 85
- 7.4 熱力学第三法則 ... 86
- 7.5 状態変化に伴うエントロピーの変化 ... 86
  - 7.5.1 理想気体のエントロピー変化 ... 86
  - 7.5.2 相転移に伴うエントロピー変化 ... 87
  - 7.5.3 実在系のエントロピーの温度依存性 ... 88
- 7.6 標準反応エントロピー ... 89
- 演習問題 ... 90

## 第8章 平衡の条件，自由エネルギー　91

- 8.1 平衡の条件 …………………………………… 92
- 8.2 孤立系の平衡条件 …………………………… 93
- 8.3 互いに接した熱い鉄と冷たい鉄 …………… 94
- 8.4 外界と接している系 ………………………… 95
- 8.5 ヘルムホルツの自由エネルギー …………… 96
- 8.6 ヘルムホルツの自由エネルギーと仕事 …… 97
- 8.7 ギブズの自由エネルギー …………………… 98
- 8.8 ギブズの自由エネルギーと仕事 …………… 99
- 8.9 標準反応ギブズ自由エネルギー …………… 100
- 演習問題 ………………………………………… 101

## 第9章 エネルギー，自由エネルギーの温度，体積，圧力依存性　103

- 9.1 マクスウェルの関係式 ……………………… 104
- 9.2 内部エネルギーの温度，体積依存性 ……… 106
- 9.3 ギブズの自由エネルギーの圧力，温度依存性 … 107
  - 9.3.1 圧力依存性 ………………………… 108
  - 9.3.2 温度依存性 ………………………… 110
- 演習問題 ………………………………………… 113

## 第10章 物質量が変化する系の平衡状態　115

- 10.1 物質量が変化する化学過程 ………………… 116
  - 10.1.1 化学反応平衡 ……………………… 116
  - 10.1.2 溶解平衡 …………………………… 116
  - 10.1.3 気液平衡 …………………………… 118
- 10.2 化学ポテンシャル …………………………… 118
- 10.3 開放系の平衡条件 …………………………… 119
- 10.4 部分モル量 …………………………………… 121
- 10.5 ギブズの相律 ………………………………… 122
- 演習問題 ………………………………………… 124

## 第 11 章　純物質の相転移 — 125

- 11.1　相　図 — 126
- 11.2　温度変化と相のふるまい — 128
- 11.3　圧力変化と相のふるまい — 129
- 11.4　二相共存線 — 132
- 11.5　気液共存線 — 134
- 11.6　固気共存線 — 135
- 11.7　固液共存線 — 136
- 11.8　相転移の次数 — 136
- 演 習 問 題 — 138

## 第 12 章　溶液の熱力学 — 139

- 12.1　混合の熱力学量 — 140
- 12.2　理想気体の混合 — 140
- 12.3　ラウールの法則 — 142
- 12.4　理想溶液の熱力学 — 144
- 12.5　ヘンリーの法則 — 146
- 12.6　束一的性質 — 146
  - 12.6.1　凝固点降下と沸点上昇 — 147
  - 12.6.2　浸　透　圧 — 149
- 12.7　実 在 溶 液 — 150
  - 12.7.1　全組成にわたる溶液の記述 — 150
  - 12.7.2　希薄溶液の記述 — 151
- 演 習 問 題 — 152

## 第 13 章　溶液の相挙動 — 153

- 13.1　圧力組成図 — 154
- 13.2　圧力変化と相挙動 — 156
- 13.3　溶液と蒸気の物質量比 — 157
- 13.4　温度組成図 — 158
- 13.5　温度変化と相挙動 — 159

|     |               |     |
| --- | ------------- | --- |
| 13.6 | 蒸　留 | 160 |
| 13.7 | 共沸混合物 | 160 |
| 13.8 | 液々平衡 | 162 |
|     | 演習問題 | 164 |

# 第 14 章　化学反応平衡　　165

| | | |
| --- | --- | --- |
| 14.1 | 反応進行度 | 166 |
| 14.2 | 化学反応平衡定数 | 167 |
| 14.3 | 理想溶液，理想気体の化学反応平衡定数 | 170 |
| 14.4 | 化学反応の圧力依存性 | 172 |
| 14.5 | 化学反応の温度依存性 | 174 |
|     | 演習問題 | 175 |

# 演習問題解答指針　　177

# 参　考　書　　181

# 索　引　　182

サイエンス社のホームページのご案内
http://www.saiensu.co.jp
ご意見・ご要望は rikei@saiensu.co.jp まで．

# 第 1 章

# 熱力学とは

　熱力学は物質のふるまいを各論的に扱うものではなく，ふるまいを支配する共通原理を示す体系である．このため，目的としている物質のふるまいの記述にたどりつくには少々長い学習の過程が必要であり，一定の忍耐と努力も要する．そのためにも，学習の目的をしっかりととらえていなければならない．この章では，学習の動機を明確にするために，熱力学が何を扱う学問であり，熱力学という体系がなぜ必要か解説する．

## 1.1 熱力学で取り扱うことがら

まずは熱力学で取り扱うことがらについて説明する.

■**巨視系** 熱力学で取り扱う系は**巨視系**である. 巨視系とは, 典型的には $10^{23}$ 個といったモル数個からなる極めて多数の原子や分子の集まりのことをいう. そして, このたくさんの分子の集まりが, 次の節で説明するような**熱平衡状態**にあるときの性質を取り扱う. 具体的には, 系の**温度**, **体積**, **圧力**, **物質量**(濃度も含む)などであり, いずれも原理的には物差しと秤があれば測定できる量である. これらの物理量のことを**巨視量**という. つまり, 熱力学においては熱平衡状態にある巨視系の持つ巨視量を取り扱う.

■**微視系** 巨視系と対照的な系は, 分子1個もしくは比較的少数個からなるクラスターのような小さな系であり, このような系のことを**微視系**と呼ぶ. 微視系の持つ性質, たとえば分子の電子状態や振動状態, 分子の向き, コンホメーション, また分子と分子が及ぼし合う力, 分子間の距離や相対的な配向の仕方といった個々の分子の性質のことを**微視量**と呼んで, 巨視量とは区別する. 微視量は, 物差しと秤だけでは測定できず, また熱力学では取り扱わない.

当然のことながら, 微視量は微視系に限らず巨視系においても測定し, 議論することができる. 溶液など凝集系における分子の微視的なふるまいも実に興味深いものであり, 巨視的なふるまいの分子論的な起源について理解しようとするとき, しばしば重要となる.

熱力学で取り扱う系とその状態, 物理量を**表 1.1** にまとめておく.

表 1.1 熱力学で取り扱う系と物理量

|  | 熱力学で取り扱うことがら | 熱力学では取り扱わないことがら |
| --- | --- | --- |
| 取り扱う系 | **巨視系**<br>・$10^{23}$ 個の分子の集まり<br>・気体,溶液,固体,ガラス | **微視系**<br>・分子 1 個<br>・クラスター |
| 取り扱う状態 | **熱平衡状態**<br>・平衡到達後の状態<br>・定常的な状態<br>・時間とともに変化しない | **非平衡状態**<br>・平衡に至る途中の過程<br>・過渡的な状態,緩和過程<br>・時間とともに変化する |
| 取り扱う物理量 | **巨視量**<br>・温度,体積,圧力<br>・物質量,濃度<br><br>**平衡量**<br>・時間に依存しない量 | **微視量**<br>・分子の電子状態,振動状態<br>・分子間距離,分子配向<br><br>**動的な量**<br>・時間に依存する量<br>・輸送量 |

## 1.2 熱平衡状態

ここでは熱平衡状態がどういったものであるか,そしてそれが非平衡状態と呼ばれる状態とどのように異なるのかについて,2つの簡単な例を挙げて説明する.

### 1.2.1 互いに接した熱い鉄と冷たい鉄

図 1.1 に示すように,等量の鉄 A と B が熱の移動を完全に遮断する**断熱壁**でできた容器の中に置かれている.ここで A と B を合わせて全体を 1 つの系として考える.このとき,系は外部と熱的に遮断されている孤立した系と見なすことができる.はじめは A と B の間も互いに断熱壁によって隔てられており,A の温度は $T_h$,B は $T_\ell$ であり,$T_h > T_\ell$,つまり A は熱く B は冷たいとする.次に,時刻 $t = 0$ において A と B を隔てていた断熱壁を取り除き,A と B の間で熱の移動ができるようにする(図 **(a)**).そして,この後の両者の温度変化を温度計で測定する(図 **(b)**).このとき測定した温度は図 1.2 のようになるであろう.温度の高い A から温度の低い B へと熱が移動して,A の温度は下がり,一方で B の温度は上がる.そして最終的には A の温度と B の温度は等しく,$\frac{T_h + T_\ell}{2}$ となるであろう.

このことは,日常生活の中ですでに我々が常識として知っている物質の熱的ふるまいである.このごく当たり前の物質のふるまいを用いて,熱平衡状態という熱力学において最も重要な概念の1つを説明する.図 1.2 で時刻 $t = 0$ において系は安定な状態にはなく,温度が不均一で内部的な熱の移動を引き起こす不安定な状態にある.$t > 0$ においては,この不安定な状態が時間の経過とともに温度が均一な安定な状態へと自発的に変化していると見なすことができる.つまり,系の初状態がどのようなものであっても,それを放置すれば $t = \infty$ においては必ず初状態に応じたある 1 つの最終的な状態に落ち着くということである.この最終的な状態のことを**熱平衡状態**という.熱平衡状態に至る手前の状態はいずれも不安定な状態であり,このような状態のことを**非平衡状態**もしくは**過渡的状態**という.系が熱平衡状態に到達した後は,巨視的には系には何の変化も生じない.

熱力学は，この熱平衡状態到達後の系の状態を対象としている．たとえば図 1.2 についていうと，熱力学は系の温度がどこに落ち着くのかを記述する原理を扱うものである．我々は日常体験として A と B が同じ温度になることを知っているが，この日常観察の奥深くで物質のふるまいを支配する非常に大きな原理が働いているのである．

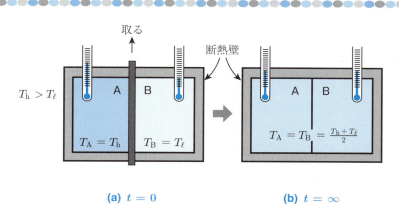

図 1.1　互いに接した熱い鉄 A と冷たい鉄 B

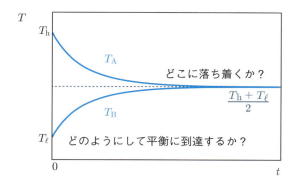

図 1.2　熱い鉄と冷たい鉄の温度 $T_A$, $T_B$ の時間変化

一方で，系が平衡でない初状態からどのようにして平衡状態に到達するのか，つまり A と B の温度が $T_\mathrm{h}$ と $T_\ell$ から平衡状態である $\frac{T_\mathrm{h}+T_\ell}{2}$ へと時刻 $t$ の関数としてどのような曲線を描きながら到達するのかという別の問いがある．非平衡状態から平衡状態へと時間とともに変化する過渡的な系のふるまいは熱力学の範囲を超え，熱伝導係数など**動力学**を扱う別の学問体系となる．**表 1.2** に熱力学で扱う平衡のいくつかの例と，非平衡動力学のいくつかの例を挙げておく．

### 1.2.2 酢酸とエタノールを混合したときの化学反応平衡

**図 1.3** のように酢酸とエタノールを混合したときのエステル化反応

$$\mathrm{CH_3COOH}(\ell) + \mathrm{C_2H_5OH}(\ell) \to \mathrm{CH_3COOC_2H_5}(\ell) + \mathrm{H_2O}(\ell)$$

を考える．この反応に対して，熱力学においては**化学反応平衡**，つまり平衡状態到達後の物質量を興味の対象とする．平衡における物質量は，**反応平衡定数**と呼ばれる定数 $K$ により

$$K = \frac{[\mathrm{CH_3COOC_2H_5}]\,[\mathrm{H_2O}]}{[\mathrm{CH_3COOH}]\,[\mathrm{C_2H_5OH}]} \tag{1.1}$$

のように表される．ここで [ ] は濃度を表す．このことは，すでに高校の化学で学んだ．しかしながら，なぜ化学反応平衡がこのような式で表されるのか，それがどのような道筋で導かれたのかについては学んでこなかった．熱力学ではその原理を学ぶ．その上で，式 (1.1) をさらに一般化して，化学反応

$$a\mathrm{A} + b\mathrm{B} + \cdots \to x\mathrm{X} + y\mathrm{Y} + \cdots$$

の平衡状態での物質量が，反応平衡定数

$$K = \frac{[\mathrm{X}]^x\,[\mathrm{Y}]^y\cdots}{[\mathrm{A}]^a\,[\mathrm{B}]^b\cdots} \tag{1.2}$$

で表されることを示す．なぜ $a$ や $b$，$x$ や $y$ といった化学量論数が濃度のべき乗の肩に乗っているのであろうか．このようなことも，熱力学の原理を理解した後では簡単に導くことができる．さらには定数 $K$ の値は実験を行わなくてもあらかじめ計算で求めることができる．

一方,たとえば初状態において酢酸とエタノールだけが1 molずつ等量に混合されている系があるとして,これがどのように平衡の物質量に近づいていくか,つまり横軸を時刻 $t$ に,縦軸をたとえば酢酸エチルの濃度に取ってプロットするとどのような濃度−時間曲線が描かれるか,という別の興味も湧いてくる.これが**反応速度論**である.反応速度論も動力学の1つであり,非平衡状態を扱う体系である.

表 1.2 熱力学で扱う平衡状態と熱力学では扱わない動力学の例

| 熱力学で扱う平衡状態 | 熱力学では扱わない動力学 |
| --- | --- |
| 化学反応平衡 | 反応速度 |
| 相平衡 | 拡散,結晶成長 |
| 溶解平衡 | 熱輸送,熱伝導 |
| 分配平衡,吸着平衡 | 粘性 |
| 電離平衡,解離平衡 | 電気伝導 |
| 平衡起電圧 | 電流−電圧曲線 |

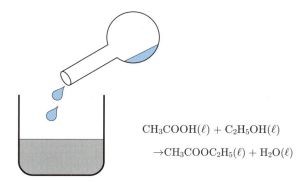

$$CH_3COOH(\ell) + C_2H_5OH(\ell)$$
$$\rightarrow CH_3COOC_2H_5(\ell) + H_2O(\ell)$$

図 1.3 酢酸とエタノールによるエステル化反応

## 1.3 熱力学は静力学であること

熱力学は"熱"の"力学"である．つまり，熱平衡状態を記述するための力学である．このことをよく理解するために，図 1.4 に示されている単純な力学系である坂道のサッカーボールと対比しながら考えてみよう．図 1.4 の横軸は位置 $x$ であり，縦軸は位置 $x$ における道の高さ $h(x)$ である．ボールは重力場の中に置かれており，位置 $x$ におけるボールの位置エネルギー，つまり**ポテンシャルエネルギー** $\phi(x)$ は，ボールの質量 $m$ と重力定数 $g$ を用いて

$$\phi(x) = mgh(x) \tag{1.3}$$

で表される．これは坂道 $h(x)$ と同じ形を持つ．

さて，ボールは最初に図に示すような位置 $x_i$ にあったとしよう．これは坂道の途中なので，ボールは坂に沿って転がり落ちていく．そして最終的には，摩擦があるので谷底の位置 $x_0$ に静止する．これを力学的に説明すると，初状態である $x = x_i$ において，ボールには矢印のような力

$$F(x) = -\frac{d\phi(x)}{dx} \tag{1.4}$$

が働いており，力の釣り合いは保たれておらず不安定な状態にある．このため，自発的に転がり始める．一方，終状態においてはボールは谷底，つまりポテンシャルエネルギー曲線の最小位置にあり，働いている力は

$$F(x_0) = -\left.\frac{d\phi(x)}{dx}\right|_{x=x_0} = 0 \tag{1.5}$$

である．つまり，ボールには力が働いておらず，安定な状態としてここに静止している．力学的な平衡の位置は力が 0 の位置であり，ポテンシャルエネルギー最小の位置である．

それでは化学反応系ではどうであろうか．系として，前節で触れた酢酸とエタノールのエステル化反応を考える．ポイントは，この化学反応系に対しても坂道のボールのような取扱いができないか，ということである．力学にならって横軸に生成物である酢酸エチルの濃度 $c$ を取り，縦軸に現時点ではまだ詳細

は不明であるがサッカーボールのポテンシャルエネルギーと同じようなものがプロットできたとする．そして実際の形は別としてそれが図 1.5 のような形を取るとすれば，初状態の $c=0$ から出発してちょうど坂道を下るように自発的に反応が進み，$c$ にかかる力，つまり傾きが 0 になる $c=c_0$ で反応が止まる．つまり反応が平衡状態に到達したというように考えることができる．このとき平衡状態の記述は大変見通しのよいものとなる．

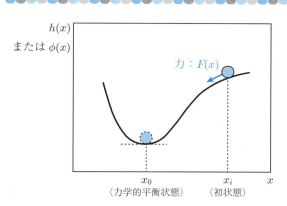

図 1.4　力学系の平衡．坂道のサッカーボール．

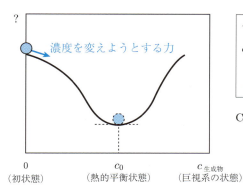

図 1.5　化学反応系の平衡も力学系の平衡と同じような考え方で記述できないか．

ここで，次の2つのことに興味が湧いてくる．

> (1) 化学反応のような系に対しても，力学系のポテンシャルエネルギー $\phi(x)$ や力 $F(x)$ に相当する物理量が存在するのであろうか．そして，もしあるとすればそれは何か．
> (2) その物理量が最小の値を取る状態，つまり反応平衡の位置は任意の化学反応に対してあらかじめ簡単な計算から求められないであろうか．

この物理量は，巨視的な物質のふるまいを記述することのできる新しい物理量として大変興味深いものである．この物理量を極めていくのがこの教科書で学ぶ熱力学という体系である．

そうはいっても，一方で次のような疑問も生じてくる．

> 力学系ではポテンシャルエネルギーですべてが記述できた．化学反応も質点の力学と同じく，エネルギーがすべてを司っていると考えてはいけないのであろうか．

これはもっともな疑問である．次の節では，このことについて簡単な例を参照しながら掘り下げて考えてみよう．

## 1.4 熱力学が必要であること

この節では，巨視系においてはエネルギーが系の安定性，つまり平衡の位置を決める唯一の要因ではないことを簡単な例を挙げながら示す．最初の例は熱平衡状態の説明の際に登場した互いに接した熱い鉄と冷たい鉄であり，2つ目の例は水への硝酸ナトリウムの溶解である．

### 1.4.1 互いに接した熱い鉄と冷たい鉄

熱平衡状態の説明の際にも述べたように，図 1.1 に示す断熱壁に囲まれて互いに接触している熱い鉄と冷たい鉄は，時間の経過とともに熱い鉄から冷たい鉄へと熱が移動する．前者の温度は下がる一方で後者の温度は上がり，やがて両者の温度は等しくなる．ここで重要なことは，熱い鉄と冷たい鉄は全体が断熱壁に囲まれているため，熱のやり取りはあくまで内部的なものであり，系

は外部と熱のやり取りをしているわけではないことである．このため断熱壁内の系のエネルギーは，変化の最中も常に一定に保たれており，変化前と変化後（図 1.1 (a) と (b)）で同じである．それにもかかわらず，確かに状態は自発的に変化しているのである．これはエネルギーだけが平衡の位置を決めているわけではないことを示している．

### 1.4.2 硝酸ナトリウムの水への溶解

図 1.6 のように，断熱壁で囲まれた容器に純水が入っている．これに硝酸ナトリウム粉末を溶解させ，そのときの温度変化を測定する．硝酸ナトリウムは冷却剤として用いられる塩であり，水に溶解すると溶媒である水から熱を奪い，溶液の温度を下げる働きをする．この実験でも，硝酸ナトリウムの溶解とともに溶液の温度は下がる．

この現象を，溶媒である水と溶質である硝酸ナトリウムを合わせた系を全系として扱い，考察してみよう．ここでは硝酸ナトリウムは溶液を撹拌するだけで確かに自発的に溶ける．変化は吸熱過程であり，吸熱過程であることは，周囲から熱を奪って自身はエネルギーの高い状態へと変化していることを意味している．この様子を模式的に図 1.7 (a) に示す．これは図 1.7 (b) に示している硫酸を水に溶かしたときのような発熱過程とは逆の変化である．前者の吸熱過程を図 1.3 の坂道のボールにたとえると，ボールが自発的に坂を上ったことに相当する．このようなことは力学系では起こり得ない．しかしながら，ここで示した巨視系では確かに起こっているのである．このことも，エネルギーだけが巨視系の安定性，つまり平衡の位置を決めているわけではないことを示している．エネルギーの他に平衡位置を決める別の要因があるということである．

結局のところ，図 1.5 のような考え方で巨視系のふるまいを記述していこうとするとき，縦軸に取るべき物理量としてエネルギーは適切ではないということである．それでは何を取ればよいか，何が巨視系のふるまいを決めているのか．本書ではこのことについて順を追って解説する．

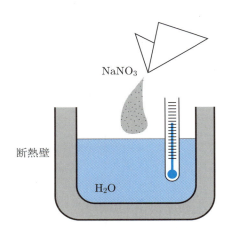

**図 1.6** 硝酸ナトリウムの水への溶解

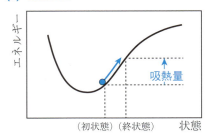

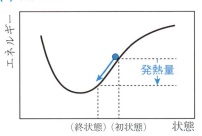

**図 1.7** 吸熱過程と発熱過程．吸熱過程では熱を周囲から奪いながら，また発熱過程では周囲に熱を放出しながら，系は自発的に状態を変化させる．

## 第 2 章

# 理想気体と実在気体

　この章では，熱力学を学習する上でその基礎となる理想気体と実在気体のふるまいについて述べる．理想気体は，高校の化学ですでに十分学んできたように分子間に相互作用が働いていないとして築いた現実には存在しないモデル気体である．理想気体はふるまいが単純で数学的な取扱いが容易なため，この教科書においても例として多用する．一方で，実在気体は分子間に相互作用が働いているために理想気体とは異なる複雑な挙動を示す．特に低温において実在気体は凝集，固化し，気体から液体，固体へと相を変化させる．

## 2.1 理想気体

この節では**理想気体**について簡単に復習しておこう．気体が示す圧力 $P$，体積 $V$，温度 $T$ の相互関係を 1 つの式にまとめたものを**状態方程式**と呼ぶ．理想気体の状態方程式は

$$PV = nRT \tag{2.1}$$

と表され，$n$ は理想気体分子のモル数，$R$ は**気体定数** ($8.314472\,\mathrm{J\,K^{-1}\,mol^{-1}}$) である．この式に従うと

> (1) 温度が一定のとき，圧力は体積に反比例する（**ボイルの法則**）．
> (2) 圧力が一定のとき，体積は温度に比例する（**シャルルの法則**）．
> (3) 混合気体も式 (2.1) に従うが，圧力は成分となる気体が示す分圧の和で表される（**ドルトンの法則**）．

(3) はたとえば，$n_\mathrm{A}$, $n_\mathrm{B}$ [mol] の二成分 A, B からなる混合気体の場合，全圧 $P$，分圧 $P_\mathrm{A}$, $P_\mathrm{B}$ は次のようになる．

$$P = P_\mathrm{A} + P_\mathrm{B};\quad P_\mathrm{A} = \frac{n_\mathrm{A}}{n_\mathrm{A} + n_\mathrm{B}} P,\quad P_\mathrm{B} = \frac{n_\mathrm{B}}{n_\mathrm{A} + n_\mathrm{B}} P \tag{2.2}$$

理想気体は，相互作用がなく，排除体積も持たない質点の集まりからなる．低温においても凝集して液体になることはなく，気体のままである．

## 2.2 実在気体

**実在気体**についてもある程度は高校の化学で学んできた．ここではそれをさらに発展させ，そのふるまいと実在気体がそのようにふるまう起源についても少し詳しく調べてみよう．

### 2.2.1 分子間相互作用

理想気体は，分子間に相互作用が働いていないとして作り上げたモデルである．しかしながら，実際の分子の間には様々な相互作用が働いており，この相互作用が物質のふるまいの多様性の起源となっている．以下，窒素分子間，二酸化炭素分子間，水分子間に働く**分子間相互作用**について概観する．

いま，2個の分子が距離 $r$ を隔てて空間中に配置されているとしよう．**図 2.1** に，横軸に2個の分子の重心間距離 $r$，縦軸にそのとき重心間に働く相互作用エネルギー $\phi$ とその微分である力 $F$ を示す．相互作用は分子の互いの配向によって異なるが，ここでは図中に示した配向に対するものを描いている．$r$ が無限大のときは，相互作用は 0 である．

■**窒素分子** **図 2.2 (a)** に示しているように，窒素分子は等価な窒素原子が共有結合した無極性分子である．無極性分子であるため，分子間に静電相互作用は働かない．しかしながら，電子の瞬間的な分極に由来する**ファン・デル・ワールス力**が作用しており，これは量子力学的な研究から弱い**引力**であることがわかっている．引力は分子間距離 $r$ を小さくしようとする力であり，負の値を持つ．2個の分子が近づき過ぎて，それぞれの分子の電子雲どうしが互いに重なり合いを持つようになると，分子間には急激に強い**斥力**が働くこととなる．斥

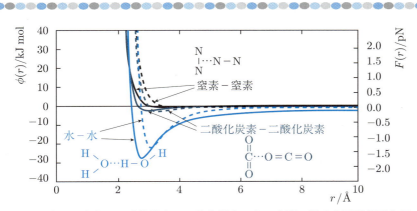

**図 2.1** 窒素-窒素，二酸化炭素-二酸化炭素，水-水間に働く分子間相互作用．
実線：分子間相互作用エネルギー，　破線：分子間力

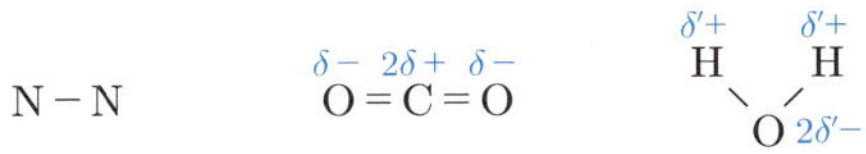

**(a)** 窒素　　**(b)** 二酸化炭素　　**(c)** 水

**図 2.2** 分子の構造と分子分極

力は $r$ を大きくしようとする力であり，正の値を持つ．この斥力は，一方の分子から見たとき，他方の分子が近づき過ぎたときにこれを排除して近づけないように作用することから，分子は**排除体積**を持っているという場合がある．

静力学的には，力が 0 の点，つまりポテンシャルエネルギーが最小の値を取る点が釣り合いの位置であり，結晶では概ねこれに近い距離が平均の分子間距離となっている．窒素分子の場合，最小値は $-0.6 \, \mathrm{kJ \, mol^{-1}}$ であり，相互作用としては弱い．

■**二酸化炭素分子** 一方，二酸化炭素中の炭素原子と酸素原子は電子を引き付ける力が異なるので，その結果として図 **2.2 (b)** に示すように炭素原子は正に，酸素原子は負に荷電している．つまり**分極**している．このとき空間に配置された 2 個の二酸化炭素分子の間には，上述したファン・デル・ワールス力に加えて**静電相互作用**が働くこととなる．この静電相互作用に由来する重心間の力は分子の回転，つまり分子の相対的な向きに依存して引力になったり斥力になったりするが，安定な配向に対しては一般的には引力となる．したがって，二酸化炭素分子間の全分子間相互作用エネルギーの最小値は $-2.7 \, \mathrm{kJ \, mol^{-1}}$ であり，引力相互作用は窒素分子間よりも大きい．

■**水分子** 水分子においても酸素原子と水素原子では電子を引き付ける力が異なり，図 **2.2 (c)** に示すように酸素は負に，水素は正に荷電している．そしてこの分極の度合いは上述の炭素原子と酸素原子の場合よりも大きい．さらに，二酸化炭素では，負電荷−正電荷−負電荷 が一直線上に並んでいた，つまり二酸化炭素分子は**四極子モーメント**しか持っていないのに対して，水分子は大きな**双極子モーメント**を持っている．同じ分極電荷でも静電相互作用は，双極子モーメントの方が四極子モーメントより強い．

さらに，2 個の水分子は近接距離で**水素結合**する．これは静電相互作用に加えて化学結合の要素も含む強い引力相互作用であり，これらを反映して水−水間の全相互作用エネルギーの最小値は $-26.2 \, \mathrm{kJ \, mol^{-1}}$ である．強い引力相互作用は，水が小さな分子量にもかかわらず高い融点や沸点を持っていることなどの起源となっている．

このような相互作用が働いている実在分子系では理想気体とは異なるふるまいが観察される．以下にそのいくつかについて示していこう．

### 2.2.2 圧縮率因子

気体の状態を特徴づける関数の 1 つに **圧縮率因子** $Z$ があり，これは次のように定義される．

$$Z = \frac{PV}{nRT} = \frac{V}{V_{\text{ideal}}} \tag{2.3}$$

圧縮率因子は，注目している実在気体がもし理想気体であったとしたら，その条件下で気体が示したであろう理想的な体積 $V_{\text{ideal}} = \frac{nRT}{P}$ と実際に観察される体積 $V$ との比である．つまり，実在気体がその非理想性によって圧縮されたというように考えたときの圧縮率である．当然のことながら，理想気体の圧縮率因子は常に 1 であり，実在気体の圧縮率因子の値が 1 に近ければ近いほどそのふるまいは理想気体に近く，1 から離れていればいるほど非理想性が高いということになる．

図 2.3 に窒素，二酸化炭素，アンモニアの圧縮率因子を圧力の関数として示す．図から明らかなように，圧力が 0 でないときはすべての系で圧縮率因子は

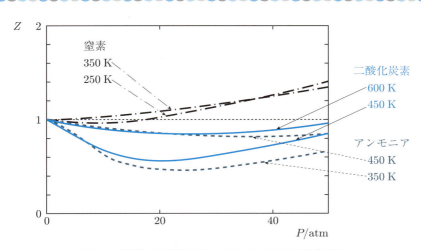

図 2.3　窒素，二酸化炭素，アンモニアの圧縮率因子

温度，圧力の関数として1とは異なった値を取る．つまり，$PV = nRT$ には従わず，理想気体とは異なったふるまいが観察される．これは実在の分子間に相互作用が働いているためである．一方で，圧力が0の極限ではすべての分子，すべての温度において $Z$ の値は1になり，系は理想気体としてふるまう．これは低圧極限，つまり体積が無限大の極限においては分子と分子の間の距離が無限大となり，分子間相互作用が0に近づくからである．

次に3つの気体に共通な特徴として，圧力が低いときには $Z$ は1より小さな値を取り，圧力が高いときには1より大きな値を取る．これは圧力が低いとき，つまり分子間の距離が長いとき主要な分子間相互作用は引力であり，分子は互いに引き付け合い，相互作用のない理想的な状態よりも体積を縮めようとしていることになる．逆に圧力が高いとき，つまり分子間距離が短いときは斥力が重要となり，分子は互いに反発し合って体積を理想よりも大きくしようとしていると理解できる．

一方，温度が高くなると $Z$ の1からのずれは温度が低いときよりも小さくなり，温度が高いほど系はより理想的にふるまうことを示している．これは温度が高くなって運動エネルギーが相対的に重要になってくると，ポテンシャルエネルギーが0であるとした理想気体に近づいていくということによる．

### 2.2.3 気体の凝縮

いま，図 2.4 に示すようなシリンダーとピストンで構成される容器の中に二酸化炭素や水のような実在気体が入っているとする．この系に対して，温度を一定にして，ピストンを押して気体を圧縮しながら圧力を測定し，系の状態を観察するとどうなるであろうか．図 2.5 は二酸化炭素に対していくつかの温度でこのような測定を行い，横軸に体積，縦軸に圧力をプロットしたものである．このような曲線を一般に**等温線**と呼ぶ．

理想気体であれば，温度一定のときは式 (2.1) に従い，ボイルの法則が示すように双曲線となるはずである．しかしながら，実在気体である二酸化炭素はそうはならない．それでも，温度が高いときは比較的双曲線に近い（等温線 ①，340 K）．これは圧縮率因子のところで述べたように，気体は温度が高いとき，より理想的なふるまいを示すことによる．

## 2.2 実在気体

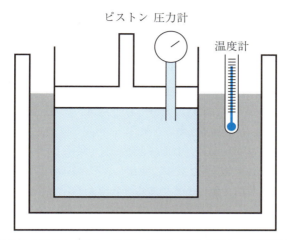

**図 2.4** 実在気体の $PVT$（圧力 – 体積 – 温度）挙動の測定．恒温槽中に浸した容器に気体を密閉し，温度を制御しながらピストンで圧縮し，体積と圧力を測定する．

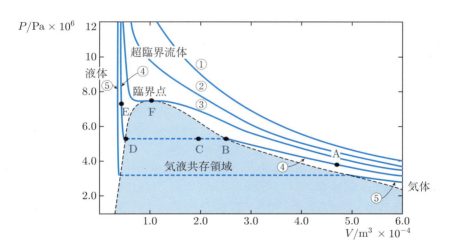

**図 2.5** 二酸化炭素の $PVT$（圧力 – 体積 – 温度）挙動．様々な温度での等温線を示す．①：$340\,\mathrm{K}$，②：$320\,\mathrm{K}$，③：$304.21\,\mathrm{K}$，④：$290\,\mathrm{K}$，⑤：$270\,\mathrm{K}$

しかしながら，温度が低くなると双曲線から大きくずれ，非理想性が大きくなってくる（等温線 ②，320 K）．それどころか，ある温度より低い温度では，ピストンで系を圧縮しても圧力が変化しなくなる体積領域（等温線 ④，290 K，状態点 B～D）が観察される．それでは等温線 ④ に沿って圧縮に伴い何が起こっているのであろうか．実はこれは我々が日常的によく観察していることであって，低温において実在気体は液体へと変化しているのである．

図 **2.6** に模式的に示したように，低圧（状態点 A）ではすべて気体であったものが，圧縮によりある圧力に達すると気体の一部が凝縮し，ごく小さな液滴がはじめて出現する（状態点 B）．引き続き圧縮していくと，気体の体積を減少させた分だけ気体が体積の小さな液体に変化し，その結果圧力は変化することなく状態点 B のときと同じ値のままである（状態点 C）．系は気体と液体の 2 つの相からなり，これらは平衡状態にある．さらに圧縮を続けていくとある体積でちょうど気体が消滅し，すべて液体に変化する（状態点 D）．状態点 B から D までの圧力はこの温度での蒸気圧に相当する．この後も圧縮を続けると，系はすべて液体であるため液体の圧縮に伴い急激に圧力が上昇する（状態点 E）．

もう 20 K だけ温度を下げたときも，同様に液相への凝縮が見られた（等温線 ⑤，270 K）．さらに温度を下げていくか，もしくは圧縮すると，液体は固体へと変化することも我々はすでに知っている．凝集をはじめとしたこのような変化は実在系に特徴的なことであり，物質の三態，相転移として後の第 11 章で詳しく論じる．

ここで，様々な温度において状態点 B と D に相当する状態点を測定し，これらの点を結ぶと図の破線のようになる．この境界より右側が気体，左側が液体として安定に存在する領域である．一方，青い領域では系は気相と液相の 2 つの相に分かれてはじめて安定であり，一相だけだと安定ではない．この領域は，後に 2.2.6 項で述べるように，一相だけでもたとえば過冷却状態といった実験的に実際に出現させることができて観察可能な準安定状態の領域と，一相の状態は原理的に出現させることができず観察もできない不安定状態の領域の 2 つに分けられる．

### 2.2.4 臨界点

上述の変化の中で，等温線 ② と ④ の間に，液相が出現し始める境となる温度が必ず存在する（等温線 ③，304.21 K）．この温度のことを**臨界温度**といい，$T_c$ で表す．臨界温度より低い温度では，条件を選べば液体は気体と共存でき，いわゆる気相と液相を分けるメニスカスが観察できる．しかしながら，臨界温度より高い温度ではメニスカスは消滅し，液体と気体は同時に観察できない．圧縮しても相転移は示されず単に低密度の流体から高密度の流体へと連続的に変化するだけである（等温線 ①，②）．このような流体は液体や気体と区別され，**超臨界流体**と呼ばれる．

図 2.5 において，臨界温度での等温線は上述の青い領域の頂点でこれに接する（状態点 F）．これは低温で状態点 B, C, D と分かれていた状態が 1 つの点に収束したと見ることもできる．この点のことを**臨界点**と呼ぶ．臨界点においては等温線の傾きは 0 であり，同時に変曲点にもなっている．つまり

$$\frac{dP}{dV} = 0, \quad \frac{d^2 P}{dV^2} = 0 \tag{2.4}$$

であり，臨界点においては体積をいくら変化させても圧力は変化しない．つまり，後の第 4 章で述べる等温圧縮率 $\kappa_T = \frac{1}{V}\left(\frac{\partial V}{\partial P}\right)_T$ が発散する．臨界点にお

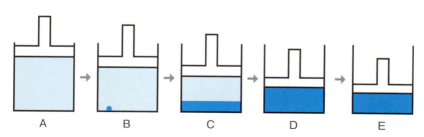

**図 2.6** 290 K の等温線 ④ に沿って，二酸化炭素を **A** から **E** まで圧縮したときの，系の変化．液相，気相の体積，またピストンの位置は模式的である

ける圧力，密度などを特に**臨界圧力**，**臨界密度**などと呼び $P_c$, $\rho_c$ などで表し，これらを**臨界定数**と呼ぶ．臨界定数は物質ごとに固有の値を持つ．**表2.1**に窒素，二酸化炭素，水の臨界定数を挙げる．分子間相互作用が大きければ大きいほど，臨界温度は高くなっている．

### 2.2.5 対応状態の原理

上述した臨界定数を用い，臨界温度以上の流体に対して圧力，温度，体積を換算してそのふるまいを調べると非常に興味深い現象が観察される．ここで，**換算圧力** $P_r$，**換算体積** $V_r$，**換算温度** $T_r$ は

$$P_r = \frac{P}{P_c}, \quad V_r = \frac{V}{V_c}, \quad T_r = \frac{T}{T_c} \tag{2.5}$$

と定義される．

**図2.7**は，いくつかの流体に対して，3つの換算温度 $T_r$ における圧縮率因子 $Z$ を換算圧力 $P_r$ の関数としてプロットしたものである．非常に興味深いことに，換算変数で表した $PVT$ 挙動は物質が異なってもすべて同じである．これは臨界点近傍における物質の状態は普遍的に記述できること，つまり物質のふるまいは共通の原理に従うことを示しており，この原理のことを**対応状態の原理**と呼ぶ．対応状態の原理は，物理学の相転移理論の分野でいわれている**普遍性原理**に相当するものである．

### 2.2.6 実在気体の状態方程式

これまで述べてきたように，実在気体はもはや簡単な理想気体の状態方程式(2.1)には従わず，複雑なふるまいを示す．それでは，この複雑なふるまいを記述するにはどのような状態方程式を用いればよいであろうか．

■**ビリアル方程式** どのように複雑な関数であっても，任意の関数はその変数のべき級数展開で厳密に表すことができる．状態方程式も同じである．$PV$ を1つの関数であるとして考え，これが圧力 $P$ の関数であるとしたとき，$PV$ は $P$ のべき級数展開として正しく記述することができる．

$$PV = nRT\{1 + B(T)P + C(T)P^2 + \cdots\} \tag{2.6}$$

## 2.2 実在気体

**表 2.1** 窒素, 二酸化炭素, 水の臨界定数

|     | $T_c/K$ | $P_c/MPa$ | $\rho_c/\mathrm{kg\ m^{-3}}$ |
|-----|---------|-----------|------------------------------|
| $N_2$ | 126.2 | 3.4 | 314 |
| $CO_2$ | 304.2 | 7.4 | 4661 |
| $H_2O$ | 647.3 | 22.1 | 315 |

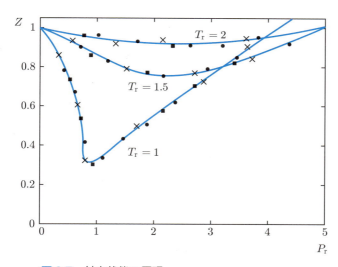

**図 2.7** 対応状態の原理.
換算圧力, 換算温度で示した, 窒素 (×),
二酸化炭素 (●), 水 (■) の圧縮率因子

このように表した状態方程式のことを**ビリアル方程式**という．$B(T), C(T), \cdots$ は温度の関数であり，それぞれ**第二ビリアル係数**，**第三ビリアル係数**などと呼ばれる．第二ビリアル係数の例を表 2.2 に示す．第二ビリアル係数は低温では負の値を取り，高温になると正の値を取る．

■**ファン・デル・ワールス式** ビリアル方程式は無限級数に展開したとき数学的には正しい記述となるが，物理的な意味は希薄である．そこで，関数形に一定の物理的意味を持たせ，簡単な関数を用いて実在気体のふるまいの本質をとらえることができないだろうか．

ファン・デル・ワールス式は

$$\left(P + \frac{an^2}{V^2}\right)(V - nb) = nRT \tag{2.7}$$

と表され，その簡単さにもかかわらず，実在気体の物理的本質をとらえた優れた状態方程式である．係数 $a, b$ のことを**ファン・デル・ワールス係数**と呼ぶ．係数 $a$ は分子間の引力に関わる定数であり，式の形からわかるように，同じ温度，体積でも理想気体より圧力を小さくする．また，係数 $b$ は 2.2.1 項で議論した分子間の斥力に由来する排除体積であり，同じ圧力，温度でも理想気体より体積を大きくする．表 2.3 に窒素，二酸化炭素，水に対するファン・デル・ワールス係数を示す．

図 2.8 において，ある高い温度における 1 mol の二酸化炭素の $PV$ 挙動について，理想気体近似とファン・デル・ワールス式を実測値と比較する．臨界温度以上の相転移を示さない高温の等温線については，理想気体近似と比較して格段の改善がなされている．一方，気液相転移を示す低温の等温線に対しては，図 2.7 に示すようにファン・デル・ワールス式は S 字型に波打った曲線を与えている．この S 字型曲線のことを**ファン・デル・ワールスループ**という．

## 2.2 実在気体

表 2.2 窒素，二酸化炭素，水の第二ビリアル係数

| N$_2$ | | CO$_2$ | | H$_2$O | |
|---|---|---|---|---|---|
| $T$/K | $B$/cm$^3$ mol$^{-1}$ | $T$/K | $B$/cm$^3$ mol$^{-1}$ | $T$/K | $B$/cm$^3$ mol$^{-1}$ |
| 100 | −160.0 | 220 | −248.2 | | |
| 200 | −35.9 | 280 | −143.3 | | |
| 320 | −1.2 | 320 | −105.8 | | |
| 400 | 9.1 | 400 | −60.5 | | |
| 500 | 16.8 | 500 | −29.8 | 450 | −258.2 |
| 600 | 21.7 | 600 | −12.1 | 500 | −176.2 |
| 800 | 27.3 | 800 | 6.3 | 600 | −102.5 |
| | | | | 700 | −62.9 |

表 2.3 窒素，二酸化炭素，水のファン・デル・ワールス係数

| | $a$/Pa m$^6$ mol$^{-2}$ | $b$/m$^3$ mol$^{-1}$ |
|---|---|---|
| N$_2$ | 0.137 | $3.86 \times 10^{-5}$ |
| CO$_2$ | 0.366 | $4.28 \times 10^{-5}$ |
| H$_2$O | 0.552 | $3.04 \times 10^{-5}$ |

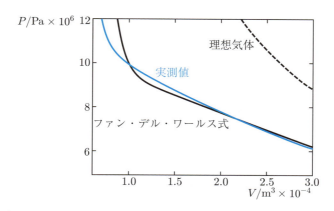

図 2.8 臨界温度より高い温度での二酸化炭素流体に対する，理想気体，ファン・デル・ワールス式と実測値との比較．$T = 320$ K

■**マクスウェルの等面積則**　図 2.9 に示されているファン・デル・ワールスループにおいては，体積が増加しているにもかかわらず圧力が大きくなるというおかしな挙動を示している．このような $PV$ 挙動は現実には生じない現象であって，実際には観察されない．つまり，系は不安定状態にある．系の安定，不安定の判断として，熱力学の知識から以下のような結論が導かれる．

> (1)　S字型の等温線に対して，図中に縦線で示すような2つの領域の面積が等しくなる直線が必ず存在する．この直線と等温線の2つの交点が気液相転移の位置を与える．大きな体積側の交点が気体のモル体積，小さな体積側の交点が液体のモル体積を与える．
>
> (2)　2つの交点の間の直線は，気体と液体が平衡にある気液共存状態を示しており，体積を変化させても圧力は一定である．また，気相と液相のモル体積もしくは密度も交点における値を取って一定である．ただ，気体と液体の相対量が変化していくだけである．
>
> (3)　S字型曲線の2つの頂点の間は，体積を大きくすると圧力が高くなるという領域であり，これは実際には存在できない**不安定状態**である．また，頂点と交点の間は，安定ではないが現実には存在することができる**準安定状態**，つまり**過冷却状態**である．不安定状態と準安定状態の境界を結んだ線を**スピノーダル線**という（図 2.10）．

## 2.2 実在気体

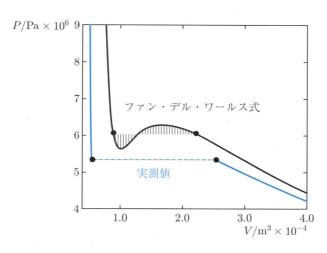

**図 2.9** 二酸化炭素の気液相転移を示す低い温度におけるファン・デル・ワールスループと，マクスウェルの等面積則．290 K における実測値とファン・デル・ワールス式の比較

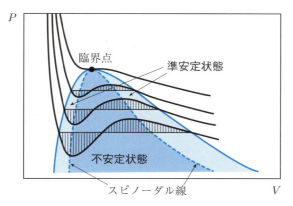

**図 2.10** ファン・デル・ワールス式に従う物質の準安定状態と不安定状態

## 演習問題

**2.1** ファン・デル・ワールス式 (2.7) に従う気体について，以下の問いに答えなさい．

(1) 等温線，つまり一定温度の条件下で横軸に体積，縦軸に圧力を取ってプロットしたものは，臨界点において傾きが 0 でかつ変曲点となる．つまり

$$\frac{dP}{dV} = 0,$$
$$\frac{d^2P}{dV^2} = 0$$

である．これら 2 つの条件とファン・デル・ワールス式とから臨界温度 $T_\mathrm{c}$，臨界体積 $V_\mathrm{c}$，臨界圧力 $P_\mathrm{c}$ を求めなさい．

(2) 臨界点においては，物質に関係なく圧縮率因子は $Z_\mathrm{c} = \frac{3}{8}$ で一定であり，実在気体の圧縮率因子の値（$\sim 0.3$）を概ねよく表していることを示しなさい．

(3) 温度 $T$，体積 $V$，圧力 $P$ をそれぞれ臨界温度 $T_\mathrm{c}$，臨界体積 $V_\mathrm{c}$，臨界圧力 $P_\mathrm{c}$ で換算した換算温度 $T_\mathrm{r} = \frac{T}{T_\mathrm{c}}$，換算体積 $V_\mathrm{r} = \frac{V}{V_\mathrm{c}}$，換算圧力 $P_\mathrm{r} = \frac{P}{P_\mathrm{c}}$ を用いてファン・デル・ワールス式を表すと，これは物質に固有な定数 $a, b$ を含まず，対応状態の原理をよく表していることを示しなさい．

## 第 3 章

# 熱力学第一法則，内部エネルギー

　熱力学は，熱力学第一法則，第二法則，第三法則の 3 つの法則だけから出発して，演繹的に構築される体系である．この章では，その中の第一番目の法則である熱力学第一法則について学ぶ．この法則により，これまであいまいであったエネルギーが定量的に定義され，概念が明確になる．また，この法則は巨視系に対するエネルギー保存則に相当し，無からエネルギーは生産されないこと，つまり永久機関は存在しないことを示している．

## 3.1 熱力学第一法則

エネルギーという言葉は，19 世紀のはじめに作られた「仕事をする能力」という意味の造語であり，現在では世の中に広く敷衍され日常的に用いられている．しかしながら，一口にエネルギーといっても，たとえば熱エネルギー，位置エネルギー，石油エネルギーというように，種類の異なる「エネルギー」に対しても同じようにあいまいに用いられている．熱力学第一法則は，これらの「エネルギー」を同じ土俵で定量的に議論するための出発点となる定義を与えるものである．

### 3.1.1 内部エネルギー

図 3.1 のように，外界と熱と仕事をやり取りする系を考え，やり取りの結果，図 3.2 のように，系は初状態 A から終状態 B に変化したとする．この過程で，系が外界から吸収した熱を $q$，外界によって系になされた仕事を $w$ とする．$q$ と $w$ の符号は重要である．$q$ は吸熱過程では正の値を取り，発熱過程では負の値を取る．また，$w$ は実際に系が外界によって仕事をされたとき正の値を取り，系が外界に仕事をしたときは負の値を取る．

このような変化の過程に対して，人類が行ってきたこれまでの観察に従う限り，$q$ や $w$ それぞれの値は変化の**経路**に依存するが，$q + w$ は状態 A と B によってのみ定まり，経路には依存しない．これが**熱力学第一法則**である．

> **熱力学第一法則**
> 系を初状態 A から終状態 B に変化させるとき，系が外界から吸収した熱 $q$ と，外界によって系になされた仕事 $w$ の和 $q + w$ は状態 A と B によってのみ定まり，変化の途中の過程によらない．

この和を $\Delta U_{\mathrm{BA}}$ という記号を用いて

$$\Delta U_{\mathrm{BA}} = q + w \tag{3.1}$$

と定義し，$U$ を**内部エネルギー**と呼ぶことにする．内部エネルギーは状態にのみ依存する物理量であり，**状態関数**，**状態量**と呼ばれる一連の物理量の 1 つである．

### 3.1.2 異なる経路の内部エネルギー変化

初状態 A から終状態 B への変化に際して,図 3.3 のように異なる 2 つの経路を考える.1 つの経路に沿うと系が吸収した熱と系になされた仕事は $q$ と $w$, 別の経路では $q'$ と $w'$ であったとする ($q \neq q', w \neq w'$).熱力学第一法則に従うと,初状態 A と終状態 B が共通であれば経路が異なっても内部エネルギー変化は同じであり

$$\Delta U_{\mathrm{BA}} = q + w = q' + w' \tag{3.2}$$

である.

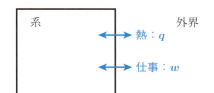

図 3.1 外界と熱,仕事をやり取りする系

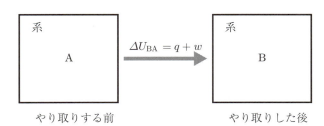

図 3.2 外界と熱,仕事をやり取りして,状態 A から B に変化した系

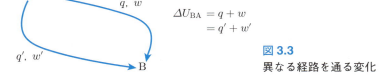

図 3.3 異なる経路を通る変化

### 3.1.3 絶対量としての内部エネルギー

ここで，$\Delta U_{\mathrm{BA}}$ はあくまでも変化量であり，厳密にいうと <u>$U$ を絶対量として定義したわけではないこと</u>を注意しておこう．しかしながら，熱力学において実際に問題になるのは変化量のみであり，何か基準となる状態からの差だけを議論すればよい．基準状態は後に述べるように別途便利なように定める．そして，変化量である $\Delta U_{\mathrm{BA}}$ に対してたとえば A を基準状態として定めた後では，$\Delta U_{\mathrm{BA}}$ は B という状態にのみ依存することとなる．そして，基準状態 A を添え字としてあからさまに書かないことにすれば

$$\Delta U_{\mathrm{AB}} = U(\mathrm{B}) = U_{\mathrm{B}} \tag{3.3}$$

のように，あたかも B という状態にのみ依存する形で書くこともできる．以後，内部エネルギーを変化量としてだけではなく，絶対量 $U$ としても取り扱う．

### 3.1.4 微小変化，完全微分と不完全微分

式 (3.1) は添え字を省くと

$$\Delta U = q + w \tag{3.4}$$

のように書かれ，対応する**微小変化**は

$$dU = đq + đw \tag{3.5}$$

と書くことができる．$U$ は状態関数であり，$dU$ の積分は積分経路に依存せず，数学的に積分可能な通常の微分量として取り扱うことができる．熱力学では積分可能な通常の微分量を特に**完全微分**と呼ぶ．これに対し，$q$ と $w$ は経路に依存するため，その微小量は積分が積分経路に依存する不完全な微分である．熱力学では特に**不完全微分**と呼び，このことを強調して，$dq, dw$ ではなく $đq, đw$ と書く．完全微分は通常の数学的取扱いができるが，不完全微分はできない．

## 3.2 エネルギー保存則

図 3.4 のように,系が初状態 A から B を通って終状態として再び A に戻ってきたとしよう.内部エネルギーは状態にのみ依存する量なので,終状態が初状態と同じという変化過程では内部エネルギー変化 $\Delta U$ は

$$\Delta U = \Delta U_{\mathrm{AA}} = U_{\mathrm{A}} - U_{\mathrm{A}} = 0 \tag{3.6}$$

となる.つまり,系が変化しても同じ状態に戻ってくるのであれば,内部エネルギーは保存される.これを**エネルギー保存則**という.このことは状態 A から別の状態 C を経由して再び状態 A に戻ってきたときでも同じである.

内部エネルギー $U$ が状態関数であるということ,つまり熱力学第一法則とエネルギー保存則は同義である.エネルギー保存則は,系が何らかの変化をしても元と同じ状態に戻ってくるのであれば,その変化の間にエネルギーを生み出したり失ったりすることはできないことを示している.無からエネルギーを無限に生産し続けることのできる**永久機関**といったようなものは存在しない.

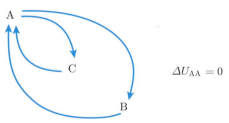

図 3.4 系が元の状態に戻る変化

## 3.3 孤立系

熱力学第一法則では，外界と熱と仕事をやり取りする系について考えてきた．ここでは**孤立系**と呼ばれる特別な系について考察する．孤立系とは，図 **3.5** のように，固定された断熱壁で囲まれ外界と熱も仕事もやり取りしない系のことである．孤立系も内部的には状態が変化し得るが，そのときの内部エネルギー変化は外界と熱も仕事もやり取りをしないので，$q = 0, w = 0$ である．このため

$$\Delta U = q + w = 0 \tag{3.7}$$

である．孤立系の内部エネルギーは常に一定であり，変化しない．

## 3.4 仕事

熱力学において重要となる仕事には 2 つのものがある．1 つは気体の**膨張仕事**，もう 1 つは電池など**電気化学的**な仕事である．後者については電気化学の専門書にゆだねることとし，ここではいずれの分野においても共通的に重要な気体の膨張仕事について解説する．

### 3.4.1 バネを押す仕事

平衡の長さ $z_0$ のバネがあり，図 **3.6** のようにその一端が壁に固定されている．ここで手を系，バネを外界として，バネのもう一端を手で押してバネを縮める仕事をすることを考える．一般に

$$\text{仕事 [J]} = \text{力 [N]} \times \text{移動した距離 [m]}$$

である．バネを力 $F$ で微小変位 $dz$ だけ押したとき，手はバネに対して $F\,dz$ の仕事をする．逆にバネによって手になされた仕事というように考えると，外界によって系になされた微小仕事 $đw$ は符号を逆転させて

$$đw = -F\,dz \tag{3.8}$$

である．

## 3.4 仕事

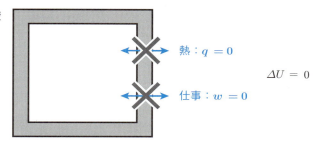

図 3.5 孤立系

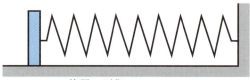

$z_0$：この位置で平衡

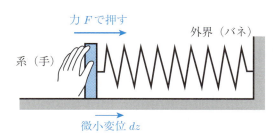

系のなす仕事：$F\,dz$
系になされた仕事：$dw = -F\,dz$

図 3.6 バネを押す仕事

## 3.4.2 気体がピストンを押す仕事

図 3.7 に示されているように，断面積 $A$ のピストンとシリンダー内に充てんされた気体があるとする．シリンダー内部の気体を注目している系，外部の気体を外界として，ピストンを動かしたときに系になされた仕事 $w$ について考える．外界の気体の圧力を $P_\mathrm{ex}$ とすると，ピストンを移動させるためにシリンダーの内部にある気体が外圧 $P_\mathrm{ex}$ に抗してピストンを押すには

$$F = P_\mathrm{ex} A \tag{3.9}$$

の力が必要である．

バネを押す仕事を参考にして図 3.6 と図 3.7 を比較すると，ピストンを押しているシリンダー内部の気体はバネを押している手に対応する．一方で，圧力 $P_\mathrm{ex}$ を持ちピストンを押し戻そうとしている外部の気体は縮みたくないバネに対応している．$P_\mathrm{ex}$ は一定であってもよいし，一定でなくてもよい．このとき式 (3.8) よりただちにシリンダー内の気体，つまり注目している系になされた仕事 $đw$ は

$$đw = -F\,dz = -P_\mathrm{ex} A\,dz = -P_\mathrm{ex}\,dV \tag{3.10}$$

と計算される．ここで，$V$ は系の体積である．シリンダー内の気体の圧力 $P$ は仕事には関係せず，あくまで外界の圧力 $P_\mathrm{ex}$ が仕事を決める．この式の形から気体の膨張仕事のことをしばしば **$PV$ 仕事**と呼ぶ．

式 (3.10) は，ピストンの中の気体の膨張仕事に限定されることなく，一般的な気体の膨張，収縮にも適用できる．気体の体積が $V_\mathrm{A}$ から $V_\mathrm{B}$ まで膨張したとき，気体になされる仕事は一般に

$$w = -\int_{V_\mathrm{A}}^{V_\mathrm{B}} P_\mathrm{ex}\,dV \tag{3.11}$$

で与えられる．

ここで気を付けなければならないことは，積分範囲つまり初状態と終状態が同じでも $w$ は変化の経路によって異なるということである．式 (3.11) でいえば，$P_\mathrm{ex}$ が異なると $V_\mathrm{A}$, $V_\mathrm{B}$ が同じでも $w$ は異なる．次章では，いくつかの重要な過程に対して具体的に $w$ を求め，このことを確かめる．

## 3.4 仕事

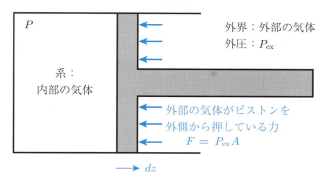

図 3.7 気体がピストンを押す仕事

## 3.5 熱

熱量計を用いると，系の変化に伴い系に吸収された熱や系が放出した熱を測定することができる．熱の測定は，仕事の測定と比べるとはるかに容易である．事実，様々な熱量計が開発，市販されており，変化に伴い系が吸収した熱 $q$ の測定はほぼ自動化されている．一方で，$w$ と同じく，$q$ も系の変化の経路に依存して異なる値を持つ．

特定の経路に沿った変化では，熱の授受と系の内部エネルギー変化が定量的に関係付けられる．一例として，図 3.8 のように蓋が固定された容器に気体が収納されており，気体のどのような変化に対しても系の体積は一定に保たれ，膨張仕事をしない系を考える．このとき，$đw = 0$ なので，式 (3.5) は

$$đq_V = dU \tag{3.12}$$

また有限の変化量として

$$q_V = \Delta U \tag{3.13}$$

となる．このような過程のことを**定積過程**と呼ぶ．ここで，体積一定の変化であることを強調して，熱 $q$ に添え字 $V$ を付けた．定積過程においては，内部エネルギー変化 $\Delta U$ は系が吸収した熱 $q_V$ と等しくなる．

後の章で詳しく学ぶが，$U$ は定積過程を議論するときに便利な量である．

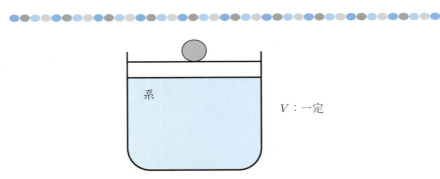

図 3.8　固定された蓋により容器中に閉じ込められた体積一定の系

## 3.6 内部エネルギーの分子論的意味

　物質の内部で分子は互いに相互作用している．そして，2.2.1 項では，この分子間相互作用の結果，系はそのときの内部状態，つまり分子間の距離などに応じて異なるポテンシャルエネルギーを持つことを説明した．さらに電子状態を含めて考えると，同じ一組の原子の集まりからできているとしても化学結合の仕方，つまり分子の種類が異なれば分子の持つポテンシャルエネルギーも異なる．

　一方で，物質の内部で分子は運動している．固体では振動運動，そして液体や気体では分子は振動運動に加えて回転運動や並進運動を行っている．このとき，分子は**運動エネルギー**を持つ．分子の集まりである物質も個々の分子の運動エネルギーの総和として運動エネルギーを持つ．

　ここでは詳細は述べないが，結果として内部エネルギーはこの運動エネルギーとポテンシャルエネルギーの和，つまり力学でいうところの全エネルギーに等しい．運動エネルギーとポテンシャルエネルギーをそれぞれ $K$, $\Phi$ とすると

$$U = K + \Phi \tag{3.14}$$

となる．もちろん，熱力学ではここで議論したような分子論的詳細，さらには分子の存在すら仮定していない．しかしながら，実際の研究において分子論は物質のふるまいを深く理解する上で大きな助けとなる．詳細は省くが，この式から出発すると相互作用しない理想気体の持つ内部エネルギーは

$$U = \frac{3}{2}RT \tag{3.15}$$

であることが導かれる．

## 3.7 示量変数と示強変数

　系の大きさが2倍になれば物質量 $n$，体積 $V$，内部エネルギー $U$ の値は2倍になる．つまり，量的な性質である．このような性質を持つ熱力学関数のことを**示量変数**と呼ぶ．

　一方，圧力 $P$，温度 $T$ は系の大きさが2倍になってもその値は変化しない．今，気相と液相が平衡状態にあるとしよう．このとき気相の圧力と液相の圧力は等しい．このことは2つの相が"力学的に"釣り合っていることを表している．また，気相の温度と液相の温度も等しい．このことは2つの相が"熱的に"釣り合っていることを表している．このように圧力や温度は量的な性質ではなく強度的な性質を表すものであり，これらの熱力学関数のことを**示強変数**と呼ぶ．

### 演習問題

3.1　第一種永久機関とはどのようなものか，文献などで調べ簡潔に説明しなさい．また，第一種永久機関は熱力学第一法則によって否定されるが，このことについて例を挙げながら説明しなさい．

3.2　化学において重要な仕事には，膨張仕事の他にもたとえば電気化学的な仕事や界面の面積を広げる仕事がある．文献などを調べて，膨張仕事における圧力と体積変化に相当する物理量はこれら2つの仕事においては何であるかを示しながら，これらがどのような仕事であるか物理的起源も示しながら簡潔に説明しなさい．

# 第 4 章

# 様々な変化の過程

　熱力学においては，様々な変化の過程を考える．現実の変化はすべて非可逆過程である．可逆過程は現実には存在しない仮想的なものであるが，熱力学において最も重要な概念の 1 つである．実験においても様々な変化の過程を取り扱う．前章で学んだ定積過程，定圧過程もその 1 つである．これら以外の重要な変化の過程に，断熱過程，等エンタルピー過程などがある．一方で，系になされる仕事 $w$ は，これら変化の経路に依存して異なる値を取る．ここではこのことを確かめながら，熱力学において重要な変化の過程に伴う気体の膨張仕事について考察する．

# 第4章 様々な変化の過程

## 4.1 気体の膨張仕事

前章で考察したように,外界によって気体になされる仕事 $w$ は,気体が外界の圧力 $P_{\text{ex}}$ に抗してピストンを押すことによってした仕事に負の符号を付けたものであり,式 (3.11) で与えられる.仕事 $w$ は気体の状態変化の経路に依存する.ここでは,熱力学において重要な2つの特別な経路に沿った気体の膨張に伴う仕事について考察する.

### 4.1.1 一定圧力を保つ外界への膨張:$P_{\text{ex}} =$ 一定

たとえば大気圧のように,$P_{\text{ex}}$ が常に一定値を取る場合を考える.この場合,式 (3.11) の $P_{\text{ex}}$ は定数なので積分の外に出せて,気体になされる仕事 $w$ は

$$
\begin{aligned}
w &= -\int_{V_{\text{A}}}^{V_{\text{B}}} P_{\text{ex}}\, dV = -P_{\text{ex}} \int_{V_{\text{A}}}^{V_{\text{B}}} dV \\
&= -P_{\text{ex}}(V_{\text{B}} - V_{\text{A}}) \\
&= -P_{\text{ex}}\, \Delta V \quad (\Delta V = V_{\text{B}} - V_{\text{A}})
\end{aligned} \tag{4.1}
$$

となる.仕事の大きさは図 **4.1 (a)** の斜線で示した部分の面積に相当する.ここで,$P_{\text{ex}}$ が一定という条件の1つとして,外界が真空であるという特別な場合を考えておこう.このとき $P_{\text{ex}} = 0$ なので,式 (4.1) より

$$
w = 0 \tag{4.2}
$$

つまり,真空への膨張に際しては,系は外界に対して仕事をしない.このような膨張のことを**自由膨張**と呼ぶ.

### 4.1.2 外界の圧力と釣り合いを保った膨張:$P_{\text{ex}} = P$

一見意味がなさそうに見えるが,実は熱力学において非常に重要な概念を含む特別な過程について考える.図 **3.7** のシリンダー内の気体の圧力 $P$ は,気体の膨張とともに変化する.ここで,何かしら外界の圧力を制御する仕組みがあるとして,外界の気体の圧力 $P_{\text{ex}}$ が常にシリンダー内の気体の圧力 $P$ と等しくなるように $P_{\text{ex}}$ を調整しながらシリンダー内の気体を $V_{\text{A}}$ から $V_{\text{B}}$ まで膨張させたとする.つまり,シリンダー内の気体がピストンに及ぼす力と,外界の

気体が及ぼす力とが常に釣り合うようにしながら膨張させる．このとき $P_\mathrm{ex} = P$ なので式 (3.11) から

$$w = -\int_{V_\mathrm{A}}^{V_\mathrm{B}} P_\mathrm{ex}\,dV = -\int_{V_\mathrm{A}}^{V_\mathrm{B}} P\,dV \tag{4.3}$$

である．

ここで，シリンダー内に 1 mol の理想気体を充てんし，さらにピストン全体を恒温槽に浸して温度を一定の値 $T$ に保ちながら膨張させたとする．このとき，系になされた仕事 $w$ は次のように計算される．

$$\begin{aligned}w &= -\int_{V_\mathrm{A}}^{V_\mathrm{B}} P\,dV = -\int_{V_\mathrm{A}}^{V_\mathrm{B}} \frac{RT}{V}\,dV \\ &= -RT\int_{V_\mathrm{A}}^{V_\mathrm{B}} \frac{dV}{V} = -RT\ln\frac{V_\mathrm{B}}{V_\mathrm{A}}\end{aligned} \tag{4.4}$$

仕事の大きさは**図 4.1 (b)** の斜線で示した部分の面積に相当する．

同じ $V_\mathrm{A}$ から $V_\mathrm{B}$ への膨張であっても，系になされた仕事は式 (4.1) と (4.4) でそれぞれ異なる．これらは仕事が変化の経路に依存することの例である．

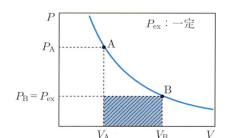

**(a)** $P_\mathrm{ex} = $ 一定 の膨張
不可逆過程であり，小さな仕事しかなされない

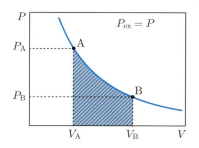

**(b)** $P_\mathrm{ex} = P$ の膨張
可逆過程であり，最大の仕事がなされる

**図 4.1** 気体の膨張仕事

## 4.2 可逆過程と不可逆過程

前節の 2 種類の膨張過程について詳しく考察する．図 3.7 において $P_{\mathrm{ex}} =$ 一定で $P > P_{\mathrm{ex}}$ のとき，ピストンは自発的に速度を持って動く．そして $P = P_{\mathrm{ex}}$ となる位置まで膨張した後，行き過ぎて，その後振動しながらいずれ平衡位置つまり $V_{\mathrm{B}}$ に静止する．一方，$P_{\mathrm{ex}} = P$ の場合，ピストンにかかる力は釣り合いが取れており，系は常に平衡状態にある．平衡であれば本来ピストンは動かないが，図 4.2 (b) に示す滑車につるされた 2 つの荷物の系と同じく，釣り合いを保ちながら $V_{\mathrm{A}}$ から $V_{\mathrm{B}}$ に無限にゆっくりと，無限に時間をかけて膨張していくと考える．そして，逆に無限に時間をかけて元の $V_{\mathrm{A}}$ に戻ることができるとも考える．前者の過程では元に戻ることができないので不可逆過程，後者は元に戻ることができるので可逆過程である．

可逆過程は，実際には実現できない仮想的な変化であるが，状態関数に興味があるとき，可逆過程に沿って変化を計算すれば計算が簡単になる場合が多い．一度可逆過程に沿って計算しておけば，それはどのような経路に対してもそのまま使える．つまり，可逆過程は状態関数の変化を計算するにあたって便利な経路である．特に仕事の計算については，式 (4.3) に示されているように，興味の対象ではない外界の圧力ではなく，興味を持っている系の圧力で記述できるという大きな利点がある．

## 4.3 最大仕事

系になされた仕事は，図 4.1 (a), (b) に示すように $PV$ 図の面積で表される．不可逆過程と可逆過程において系になされた仕事，つまり面積を比較すると，図から明らかなように可逆過程の与える面積はどのような不可逆過程の面積よりも大きい．

$$|w_{可逆}| > |w_{不可逆}| \tag{4.5}$$

言いかえると，可逆過程は**最大仕事**を与える．式 (4.4) は，ある温度 $T$ で系が $V_{\mathrm{A}}$ から $V_{\mathrm{B}}$ に膨張したとき，系になされる最大の仕事を表している．

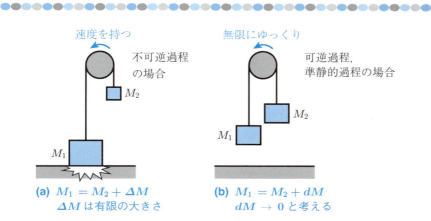

**図 4.2** 滑車につるされた 2 つの荷物

---

<u>コラム</u>　滑車につるされた 2 つの荷物

図 4.2 に示すように，2 つの荷物 $M_1$ と $M_2$ が滑車につるされている．図 4.2 (a) では $M_1$ が $\Delta M$ だけ重く，$M_1$ は速度を持って自発的に下がり，床に衝突して熱を発生して止まる．その後，$M_1$ が床から熱を奪ってもう一度自発的に上がり，それに伴い $M_2$ が下がるというようなことは起こらない．自発的に元通りにはならないこのような過程のことを**不可逆過程**という．図 4.2 (b) のもう一方の滑車では，$M_1$ と $M_2$ はほとんど同じであり，その差 $dM$ は無限小である．$M_1$ は $M_2$ と釣り合いを保ちながら，無限にゆっくりと下がっていき，床に到達する．釣り合いが保たれているので，その後，無限に時間をかけて元に戻ることができるとも考える．このような過程のことを**可逆過程**という．可逆過程のことを**準静的過程**という場合もある．

## 4.4 内部エネルギーの温度，体積依存性

内部エネルギーの構成因子である熱は温度と，また仕事は体積と深い関係にあることを見てきた．ここでは，内部エネルギーが温度，体積にどのように依存するかについて考察しよう．

内部エネルギー $U$ は温度 $T$ と体積 $V$ の関数であるとする．第10章のギブズの相律の項で詳しく学ぶが，純物質の内部エネルギーは2個の状態関数を変数とする関数として表される．ここでは，変数として温度と体積を選んだということである．このとき次のように表される．

$$U = U(T, V) \tag{4.6}$$

$U$ は状態関数なので通常の数学的取扱いができ，$T$ と $V$ に関する**全微分**は

$$dU = \left(\frac{\partial U}{\partial T}\right)_V dT + \left(\frac{\partial U}{\partial V}\right)_T dV \tag{4.7}$$

である．これは温度が $T$ から $T + dT$ へ，体積が $V$ から $V + dV$ へと変化したとき，内部エネルギーは $U$ から $U + dU$ へ変化することを表している．その際の $U$ の微小な変化量が $dU$ である．

### 4.4.1 定積熱容量

一定体積で物質の温度を 1 K 上げるために必要な熱量を**定積熱容量**といい，$C_V$ で表す．この定義に式 (3.12) を用いると

$$C_V = \frac{đq_V}{dT} = \frac{dU}{dT} = \left(\frac{\partial U}{\partial T}\right)_V \tag{4.8}$$

$C_V$ はちょうど式 (4.7) の右辺第一項の係数 $\left(\frac{\partial U}{\partial T}\right)_V$ に相当し，内部エネルギーの温度依存性を表している．したがって，体積一定の条件の下で

$$dU = C_V \, dT, \quad \Delta U = C_V \, \Delta T \tag{4.9}$$

とも表される．理想気体の熱容量は，式 (3.15) の $U = \frac{3}{2}RT$ を用いて

$$C_V = \frac{3}{2}R \tag{4.10}$$

一般に，実在気体の $C_V$ は状態に依存して複雑な挙動を示す．定積熱容量は熱量計を用いて容易に測定できる．

### 4.4.2 内圧

式 (4.7) の右辺第二項の係数である内部エネルギーの体積微分のことを**内圧**といい，$\pi_T$ という記号を用いて次のように表す．

$$\pi_T = \left(\frac{\partial U}{\partial V}\right)_T \tag{4.11}$$

1843 年，ジュールは図 **4.3** に示すような装置を用いて，圧縮した空気を真空中へ膨張させる際の熱を測定しようとした（**ジュールの実験**）．測定量は，水の温度変化である．実験結果は，当時の実験精度内で $\Delta T = 0$ つまり $đq = 0$ であった．このことと，真空への自由膨張において系になされる仕事は $đw = 0$ であることを合わせると，$dU = đq + đw = 0$ であり，結局

$$\left(\frac{\partial U}{\partial V}\right)_T = 0 \tag{4.12}$$

となる．この結果は当時の測定技術の限界を示すものでもあるが，これは理想気体では厳密に成り立つ．この事情は，気体の状態方程式におけるボイルやシャルルの精度の低い測定と同じである．理想気体に対する式 (4.12) は，第 9 章でマクスウェルの関係式を学んだ後にあらためて純粋に熱力学的に導出する．実在気体では一般に $\left(\frac{\partial U}{\partial V}\right)_T \neq 0$ である．

定積熱容量，内圧を用いて式 (4.7) を書き直すと次のようになる．

$$dU = C_V\,dT + \pi_T\,dV \tag{4.13}$$

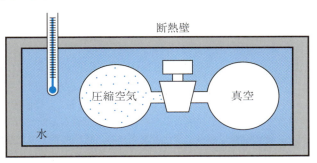

図 **4.3**
ジュールの実験

## 4.5 断熱過程

断熱過程は，外界との熱のやり取りがなく

$$q = 0 \tag{4.14}$$

で表されるような過程である．断熱過程には，断熱壁に囲まれているために外界との熱のやり取りがない場合と，変化が速すぎて外界と熱のやり取りをする時間がなく，実質的に断熱過程として取り扱うことのできる場合の2通りのものがある．これらはいずれも断熱という意味では本質的に同じであり，必要な場合を除いて特に区別しない．

### 4.5.1 断熱過程に伴う内部エネルギー変化

簡単のために，1 mol の理想気体に対して，図 4.4 に示されているような断熱過程に伴う内部エネルギー変化 $\Delta U$ を考えよう．この断熱過程において，系の温度，体積は $(T_A, V_A)$ から $(T_B, V_B)$ に変化したとする．このとき $q = 0$ なので系の内部エネルギー変化は系になされた仕事と等しく次のように表される．

$$\Delta U = w = \int_{T_A}^{T_B} C_V \, dT \tag{4.15}$$

さらに，式 (4.15) の $C_V$ に式 (4.10) を代入すると

$$\Delta U = w = \int_{T_A}^{T_B} \frac{3}{2} R \, dT = \frac{3}{2} R(T_B - T_A) \tag{4.16}$$

が得られる．断熱過程の内部エネルギー変化もしくは系になされた仕事は，理想気体の場合，温度変化を測定すれば式 (4.16) から求めることができる．

**例題 4.1** 式 (4.15) を導出しなさい．

【解答】 一般に $T$ と $V$ が同時に変化する過程に対して $\Delta U$ を求めることは困難である．このため $U$ が状態関数であることを利用して，断熱過程とは異なるが $\Delta U$ の計算が容易な別の経路を考え，その経路に沿って変化量を求める．状態関数の変化量は，経路が違ってもそれぞれの初状態と終状態が同じであれば変化の経路に依存しない．この求め方は，熱力学においてしばしば用いられるテクニックであり，状態関数の変

化量の計算において非常に有用な手法である．

ここでは，断熱過程の $VT$ 平面上での変化の経路を図 4.4 のように異なる経路 ① と ② の 2 つに分割する．経路 ① は温度一定で，体積のみ $V_A$ から $V_B$ に変化する．変化 ② は体積一定で，温度のみ $T_A$ から $T_B$ に変化する．2 つの過程を合わせて $(T_A, V_A)$ から $(T_B, V_B)$ への変化となる．もともとの断熱過程の経路は知らなくてよい．

理想気体の内部エネルギーは式 (4.12) が示すように温度のみに依存し，体積に依存しない．

$$\left(\frac{\partial U}{\partial V}\right)_T = 0$$

したがって，経路 ① は温度一定で体積のみが変化するので，式 (4.7) から $\Delta U_① = 0$ となる．これに対して，経路 ② は体積一定で温度のみが変化する定積過程なので，内部エネルギー変化は式 (4.7), (4.9) から

$$\Delta U_② = \int_{T_A}^{T_B} C_V \, dT$$

これらを合わせると $\Delta U = \Delta U_① + \Delta U_② = \int_{T_A}^{T_B} C_V \, dT$ となる．

断熱過程の $\Delta U$ もこの値と同じはずなので，一般に断熱過程に対して

$$\Delta U = q + w = w = \int_{T_A}^{T_B} C_V \, dT$$

が得られる．ここで式 (3.4), (4.14) を用いた．■

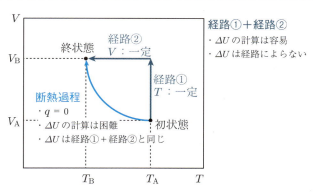

図 4.4 断熱過程と異なり，$\Delta U$ の計算が容易な経路 ①, ②

## 4.5.2 断熱過程に伴う温度変化

　断熱過程の温度変化を，内部エネルギーではなく，もっと簡単に測定できる体積変化と関係付ける．図 4.5 に示すような，断熱壁で囲まれたシリンダーとピストンがある．シリンダー内には 1 mol の理想気体が閉じ込められており，外界と熱のやり取りをすることなしに系の体積を $V_A$ から $V_B$ に膨張させる**断熱膨張過程**を考える．さらに，計算を容易にするために，シリンダー内の気体の圧力と外界の圧力は常に釣り合っているとし，変化は可逆過程であるとする．状態関数は経路に依存しないので，状態関数だけを扱う場合には可逆的な経路に沿って変化量を計算すれば，どのような変化の過程とも共通の値が得られる．

　理想気体の断熱可逆膨張において，式 (4.15) の内部エネルギー変化は式 (4.3) の可逆仕事と等しく，微分の形で

$$C_V \, dT = -P \, dV = -\frac{RT}{V} \, dV \tag{4.17}$$

となる．変形して

$$C_V \frac{dT}{T} = -R \frac{dV}{V} \tag{4.18}$$

両辺を状態 A から B まで積分すると

$$C_V \int_{T_A}^{T_B} \frac{dT}{T} = -R \int_{V_A}^{V_B} \frac{dV}{V}$$

積分を実行して

$$C_V \ln \frac{T_B}{T_A} = -R \ln \frac{V_B}{V_A}$$

式を変形して

$$\ln \frac{T_B}{T_A} = -\frac{R}{C_V} \ln \frac{V_B}{V_A}$$

$$\frac{T_B}{T_A} = \left(\frac{V_B}{V_A}\right)^{-\frac{R}{C_V}} = \left(\frac{V_A}{V_B}\right)^{\frac{R}{C_V}}$$

さらに

## 4.5 断熱過程

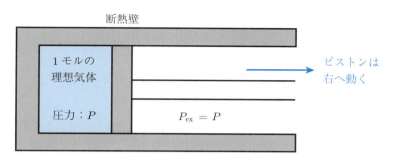

**図 4.5** 理想気体の断熱膨張

---

> **コラム** 断熱過程の身近な例
>
> 小学校の理科で，図1のように注射器の口を指で蓋をした上でピストンを思い切り引くと，シリンダーの中に霧が発生することを観察した．これは熱伝導が系の変化に追いつかず，断熱膨張により系が冷却されたものである．一方で図2に示すように，高度が高いため低圧となっている山上から，高度が低いため高圧となっている平野部に風が吹き下ろされるとき，平野部の気温が上がる．これを**フェーン現象**と呼ばれ，断熱圧縮による温度上昇の例である． 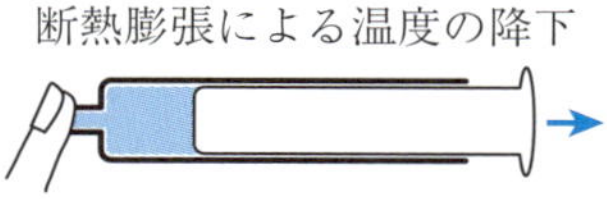
>
> 断熱膨張による温度の降下
>
> **図1** 断熱膨張による霧の発生
>
>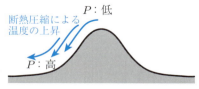
>
> **図2** 断熱圧縮による気温の上昇．フェーン現象

$$T_B = T_A \left(\frac{V_A}{V_B}\right)^{\frac{R}{C_V}}$$

したがって温度変化は

$$\Delta T = T_B - T_A = \left\{\left(\frac{V_A}{V_B}\right)^{\frac{R}{C_V}} - 1\right\} T_A \tag{4.19}$$

が得られる．これより，断熱膨張の前と後の体積，つまり圧縮比を測定すれば温度変化が求まり，さらに式 (4.16) から内部エネルギー変化を求めることができる．

## 4.6 気体の性質に関わる様々な実験量

気体の性質を特徴付ける物理量の中で，実験的に直接求めることのできる量は重要である．内圧も含め，代表的な量を以下に示す．

$$\alpha = \frac{1}{V}\left(\frac{\partial V}{\partial T}\right)_P \quad :膨張率 \tag{4.20}$$

$$\kappa_T = \frac{1}{V}\left(\frac{\partial V}{\partial P}\right)_T \quad :等温圧縮率 \tag{4.21}$$

$$\pi_T = \left(\frac{\partial U}{\partial V}\right)_T = T\frac{\alpha}{\kappa_T} - P \quad :内圧（演習問題 9.4 参照） \tag{4.22}$$

**膨張率**と**等温圧縮率**の物理的意味は，定義式からも明らかなように，言葉の通りである．

測定量自身の重要性にとどまらず，これらを用いると，実験による直接測定が困難な他の物理量も，状態関数という性質を利用して求めることができる．たとえば，一定圧力条件下での内部エネルギーの温度依存性，また一定体積条件下でのエンタルピーの温度依存性などは実験で直接求めることはできないが，上に示した物理量を用いて計算することができる．

## 演習問題

**4.1** 定数 $a, b$ を持つファン・デル・ワールス気体 1 mol が可逆的に体積 $V_A$ から $V_B$ まで膨張した．ここでは $V_A > b$ であるとして，この膨張過程に際して，系になされた仕事 $w$ を求めなさい．

**4.2** ビリアル方程式は，式 (2.6) とは異なった形で

$$PV = nRT\left(1 + \frac{B'(T)}{V} + \frac{C'(T)}{V^2} + \cdots\right)$$

と表されることがある．温度 $T$ を一定に保ちながら，この状態方程式に従う気体 1 mol を可逆的に体積 $V_A$ から $V_B$ まで膨張したときに系になされた仕事 $w$ を求めなさい．係数 $B'$, $C'$ は温度に依存せず，一定であるとする．

**4.3** 理想気体の断熱膨張過程について，以下の問いに答えなさい．

(1) 式 (4.19) から，理想気体に対して $T_B$ を $T_A$, $P_A$, $P_B$ を用いて表しなさい．

(2) (1) で求めた式は，断熱圧縮過程に対しても成り立つ．ボンベのバルブを急に開けると，バルブから圧力調整機までの空間にあった気体は急激に圧縮されるが，この過程は断熱圧縮でよく近似できる．ボンベの圧力が 100 気圧，バルブから圧力調整機までの空間にあった気体の温度，圧力が 300 K, 1 気圧であったとき，この気体は圧縮されて何 K になるか．この気体を理想気体で近似して求めなさい．

(3) 断熱膨張過程により理想気体の圧力と体積を変化させていったとき，$PV$ 曲線は**断熱線**と呼ばれる次の式

$$PV^{\frac{C_V+R}{C_V}} = 一定$$

に従うことを示しなさい．また，$PV$ 平面上においてこの断熱線と等温線（$PV = 一定$）を比較して図示しなさい．

# 第 5 章

# 熱とエンタルピー

　我々に最もなじみの深い大気圧下，つまり一定圧力の実験について議論する体系を築きたい．その準備として，熱力学第一法則をさらに発展させてエンタルピーという新たなエネルギーを定義する．エンタルピーは定圧過程を議論する際に有効なエネルギーである．エンタルピーは定圧過程において系が吸収した熱に等しい．

## 5.1 エンタルピー

図 5.1 のような可動蓋を持つ容器に収容されている系を考える．通常，化学や物理において我々が組み立てる実験系は大気圧下のものであり，外界の圧力 $P$ は一定である．つまり，定圧過程である．図の可動蓋は，たとえば大気圧と釣り合って系の圧力を一定に保つ．このような実験系で系の状態が A から B へと変化したとき，系は体積を変えることができ，外界によって仕事をされる，もしくは外界に対して仕事をする．

$$đw = -P\,dV \tag{5.1}$$

$P$ は一定なので

$$w = -P\,\Delta V = -P(V_\mathrm{B} - V_\mathrm{A}) \tag{5.2}$$

圧力が一定であることを強調して，系が吸収した熱を $q_P$ と書くと

$$\Delta U = U_\mathrm{B} - U_\mathrm{A} = q_P + w = q_P - P(V_\mathrm{B} - V_\mathrm{A}) \tag{5.3}$$

書き直して

$$q_P = U_\mathrm{B} - U_\mathrm{A} + P(V_\mathrm{B} - V_\mathrm{A}) = (U_\mathrm{B} + PV_\mathrm{B}) - (U_\mathrm{A} + PV_\mathrm{A}) \tag{5.4}$$

となる．式 (5.4) において $U, P, V$ はいずれも状態関数なので $U + PV$ も状態関数となる．この状態関数に $H$ という記号を与え

$$H = U + PV \tag{5.5}$$

と書いて，**エンタルピー**と呼ぶことにする．定圧過程でエンタルピーは

$$q_P = H_\mathrm{B} - H_\mathrm{A} = \Delta H \tag{5.6}$$

また，微小変化の形で

$$dH = đq_P \tag{5.7}$$

と書ける．膨張仕事をする系のエンタルピー変化は，定圧下で系が吸収した熱に等しい．エンタルピーは状態関数なので，$\Delta H$ は定圧過程でなくても変化の経路には依存せず，初状態と終状態のみに依存した一定の値を取る．定圧過程でない場合，$\Delta H$ は系が吸収した熱とは等しくない．8.7 節でさらに明らかになるが，$H$ は定圧過程を議論するときに便利な量である．

## 5.2 定圧熱容量

一定圧力で物質の温度を 1 K 上げるために必要な熱量を**定圧熱容量**といい，$C_P$ で表す．この定義と式 (5.7) から

$$C_P = \frac{đq_P}{dT} = \left(\frac{\partial H}{\partial T}\right)_P \tag{5.8}$$

同様に，圧力一定条件下で

$$dH = C_P \, dT, \quad \Delta H = C_P \, \Delta T \tag{5.9}$$

となる．温度が $T_A$ から $T_B$ に変化したとき，温度 $T_B$ でのエンタルピーは，定圧熱容量を用いて次のように計算できる．

$$H(T_B) = H(T_A) + \int_{T_A}^{T_B} C_P \, dT \tag{5.10}$$

エンタルピー変化や定圧熱容量は定圧熱量計を用いて容易に測定できる．定圧熱容量の測定値は，温度の関数としてたとえばべき級数を用いて整理されている．

$$C_P = a + bT + cT^2 \tag{5.11}$$

例として，窒素，二酸化炭素，水に対する係数を表 5.1 に挙げておく．

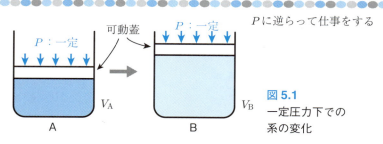

図 5.1 一定圧力下での系の変化

表 5.1 気体の定圧熱容量の温度依存性（273 K〜）：$C_P = a + bT + cT^2$

|  | 窒素 | 二酸化炭素 | 水 |
|---|---|---|---|
| $a/\mathrm{J\,K^{-1}\,mol^{-1}}$ | 27.30 | 26.00 | 30.36 |
| $b/\mathrm{J\,K^{-2}\,mol^{-1}}$ | $5.23 \times 10^{-3}$ | $4.35 \times 10^{-2}$ | $9.61 \times 10^{-3}$ |
| $c/\mathrm{J\,K^{-3}\,mol^{-1}}$ | $4.0 \times 10^{-9}$ | $1.48 \times 10^{-5}$ | $1.18 \times 10^{-6}$ |

## 5.3 発熱過程,吸熱過程とエンタルピー変化

すでに述べたが,一般的には我々は大気圧下での変化に興味があり,定圧過程つまりエンタルピーを議論することが多い.一定圧力下での変化に伴い,系が熱を放出して周囲の温度が上がったとする.つまり発熱過程であったとする.このとき,図 5.2 (a) に示すように系はエネルギーの高い状態から低い状態へと変化しており,系が吸収した熱 $q_P$ は負の値である.

$$\Delta H = q_P < 0 \tag{5.12}$$

逆に,変化に伴い系が周囲から熱を吸収して温度が下がったとする.つまり吸熱過程であったとする.このときは,図 5.2 (b) に示すように系はエネルギーの低い状態から高い状態へと変化しており,系が吸収した熱は正の値を持つ.

$$\Delta H = q_P > 0 \tag{5.13}$$

高校で学習した熱化学方程式においては発熱が正,吸熱が負の値を取るように定義されていたが,熱力学においては逆である.

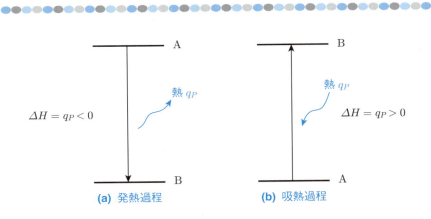

図 5.2　一定圧力下での系の変化.発熱過程と吸熱過程

## 5.4 標準エンタルピー変化

　熱力学第一法則は，系の状態変化に伴うエネルギー変化に対するものであった．状態変化としては，相転移，溶解，混合，化学反応など様々な変化が対象となる．系の状態を規定するものには温度，圧力，濃度など多くの因子があり，変化量を議論，整理する際には変化の前と後とでこれらを規定しておく必要がある．議論する系の状態は興味によってどのようなものであってもかまわないが，データの整理の仕方，議論の仕方として何か共通の状態を出発点にできれば便利である．標準状態はこのような約束事としての共通の状態であり，相転移，溶解，混合，化学反応など様々な変化に対して個別に定められている．

### 5.4.1 標準状態

　標準状態にある物質とは，その物質が他と混合した状態ではなく，純物質として存在しているときのものをいう．圧力については，高圧の現象を除いて，標準大気圧である 1 atm が標準の状態とされている．

$$1\,[\mathrm{atm}] = 0.101325\,[\mathrm{MPa}] \tag{5.14}$$

であり，atm は圧力の単位としてもよく用いられる．標準状態として 1 atm ではない状態を選ぶときには，標準となる圧力は別途明記される．温度は問題ごとに定められているが，常温である 298.15 K が用いられることが多い．一方，蒸発や融解などの相転移現象に対しては 1 atm において実際に転移が生じる温度が用いられる．

### 5.4.2 転移のエンタルピー変化

たとえば水が蒸発し，液体から気体に変化する**相転移**を考える．

$$H_2O(\ell) \to H_2O(g)$$

水は標準大気圧下では 373.15 K で沸騰するため，1 atm, 373.15 K での状態変化を考える．このとき，系は周囲から 1 mol あたり 40.66 kJ の熱を供給されて蒸発するので，蒸発の**標準エンタルピー変化**は

$$\Delta_{\mathrm{vap}} H^{\ominus} = 40.66 \ [\mathrm{kJ \ mol^{-1}}] \tag{5.15}$$

と書かれる．$\Delta$ の添え字 vap は**蒸発**（vaporization）を意味し，記号 $^{\ominus}$ は標準状態での系の変化であることを示している．吸熱過程なので符号は正である．逆に，水蒸気から液体への凝集過程を考えると，この場合は発熱過程であり，符号が負になる．

$$\Delta_{\mathrm{cond}} H^{\ominus} = -40.66 \ [\mathrm{kJ \ mol^{-1}}] \tag{5.16}$$

添え字 cond は**凝集**（condensation）を意味する．

相転移もしくは相変化は 2 つの相が平衡を保ちながら変化するので，可逆過程である．**表 5.2** に窒素，二酸化炭素，水に対する融解と蒸発の標準エンタルピー変化を挙げておく．表中で，添え字 sub は**昇華**（sublimation）を意味する．分子間の相互作用が大きいほど概ね転移のエンタルピーも大きくなっている．

**表 5.2** 標準転移エンタルピー

| | 窒素 | 二酸化炭素 | 水 |
|---|---|---|---|
| $\Delta_{\mathrm{m}} H^{\ominus}/\mathrm{kJ \ mol^{-1}}$ 融解エンタルピー | 0.72 (0.123 atm, 63.15 K) | 8.33 (5.112 atm, 217 K) | 6.01 (1 atm, 273.15 K) |
| $\Delta_{\mathrm{vap}} H^{\ominus}/\mathrm{kJ \ mol^{-1}}$ 蒸発エンタルピー | 5.58 (1 atm, 77.34 K) | —— | 40.66 (1 atm, 373.15 K) |
| $\Delta_{\mathrm{sub}} H^{\ominus}/\mathrm{kJ \ mol^{-1}}$ 昇華エンタルピー | —— | 25.23 (1 atm, 194.68 K) | |

### 5.4.3 標準反応エンタルピー

分子が化学反応を起こして別の分子に変化するとき，反応によって系は熱を放出したり吸収したりする．たとえば，圧力 1 atm，温度 298.15 K において，1.2.2 項で示した液体の酢酸とエタノールが液体の酢酸エチルと水を生成するエステル化反応において

$$\mathrm{CH_3COOH}(\ell) + \mathrm{C_2H_5OH}(\ell) \to \mathrm{CH_3COOC_2H_5}(\ell) + \mathrm{H_2O}(\ell)$$

系は 4.6 kJ の熱を放出する．つまり

$$\Delta_{\mathrm{react}} H^{\ominus} = -4.6 \ [\mathrm{kJ\ mol^{-1}}] \tag{5.17}$$

である．発熱過程なので，**標準反応エンタルピーは負の値である**．添え字 react は反応（reaction）を意味する．

### 5.4.4 標準生成エンタルピー

化学反応は，化学において最も興味深い状態変化である．しかしながら，分子種には実に多くのものがあり，また，生成物として同じ分子を得るにしても実に様々な出発物質つまり反応物がある．これらの不特定多数の化学反応の反応エンタルピーを簡単な計算から求めることはできないだろうか．

結論として，これは簡単なことである．我々はすでに熱力学第一法則として，内部エネルギーもエンタルピーも状態関数であることを学んだ．つまり，反応エンタルピーは反応物と生成物が規定されれば，反応の経路によらない．そうであれば，図 5.3 に示すように，どのような化学反応であれ，基準となる共通の原料物質から出発して目的である生成物と反応物を作れば，2 つの反応エンタルピーの差から目的とする反応エンタルピーを求めることができる．

残ることは，共通の原料物質から反応物や生成物となる化学物質を生成するときの反応エンタルピーを求めて，データベースとして整理しておくことである．熱力学においては，基準となる共通の原料物質として，標準状態にある構成元素を選ぶ．ここでの標準状態は 1 atm, 298.15 K であり，原料物質や生成物などは他と混合していない純物質であり，かつ，この条件で最も安定に存在する状態にあるものを基準とする．たとえば，上記のエステル化反応における

生成物の 1 つである水は，気体の水素と酸素から生成された液体の純水である．

$$\mathrm{H_2(g)} + \frac{1}{2}\mathrm{O_2(g)} \to \mathrm{H_2O}(\ell) \qquad 1\,\mathrm{atm},\ 298.15\,\mathrm{K}$$

反応エンタルピーは $-285.8\,\mathrm{kJ}$ である．この例のように，標準状態において構成元素から化学物質 1 mol が生成されるときの標準反応エンタルピーのことを特に**標準生成エンタルピー**と呼び

$$\Delta_\mathrm{f} H^\ominus (\mathrm{H_2O}(\ell)) = -285.8\ [\mathrm{kJ\ mol^{-1}}] \tag{5.18}$$

と書く．添え字 f は**生成**（formation）を意味する．

このような整理の仕方は，図 **5.4** に模式的に示すように，標準状態にある元素のエンタルピーの絶対値を $0\,\mathrm{kJ\,mol^{-1}}$ としたことに相当する．エンタルピーの絶対値で反応エンタルピーを考えると

$$\Delta_\mathrm{f} H^\ominus (\mathrm{H_2O}(\ell)) = H^\ominus(\mathrm{H_2O}(\ell)) - H^\ominus(\mathrm{H_2(g)}) - \frac{1}{2}H^\ominus(\mathrm{O_2(g)})$$
$$= -285.8 - 0.0 - 0.0 = -285.8\ [\mathrm{kJ\,mol^{-1}}] \tag{5.19}$$

のように表すこともできる．

化学物質の標準生成エンタルピーは，データベースとして収集，整理され，公開されている．たとえば，米国国立標準技術研究所（NIST）の web サイト（http://webbook.nist.gov/chemistry/）では約 40,000 種類の化合物の熱力学データが網羅されている．また，『化学便覧基礎編』（日本化学会編）にも，表にまとめられて掲載されており，必要に応じて熱力学の計算に用いられる．

### 5.4.5 標準反応エンタルピーの計算

標準生成エンタルピーを用いると標準反応エンタルピーは容易に計算できる．いま，たとえば化学反応

$$a\mathrm{A} + b\mathrm{B} + \cdots \to x\mathrm{X} + y\mathrm{Y} + \cdots$$

を考える．係数 $a, b, \cdots, x, y, \cdots$ は反応に関わる化学量論数であり，正の整数である．標準反応エンタルピーは化学種 A, B, $\cdots$, X, Y, $\cdots$ の標準生成エンタルピー $\Delta_\mathrm{f} H^\ominus(\mathrm{A}), \Delta_\mathrm{f} H^\ominus(\mathrm{B}), \cdots, \Delta_\mathrm{f} H^\ominus(\mathrm{X}), \Delta_\mathrm{f} H^\ominus(\mathrm{Y}), \cdots$ を用いて，

ただちに

$$\Delta_{\text{react}} H^{\ominus} = x\Delta_{\text{f}} H^{\ominus}(\text{X}) + y\Delta_{\text{f}} H^{\ominus}(\text{Y}) + \cdots$$
$$- a\Delta_{\text{f}} H^{\ominus}(\text{A}) - b\Delta_{\text{f}} H^{\ominus}(\text{B}) - \cdots \quad (5.20)$$

から求められる．

以上のことは，高校で学んだ熱化学方程式における**ヘスの法則**と同義である．ヘスの法則は，単にエンタルピーが状態量であること，もしくはエネルギー保存則が成り立っていることをいっているにすぎない．

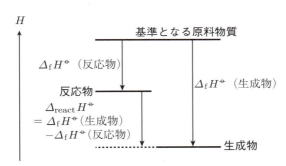

図 5.3　標準反応エンタルピー $\Delta_{\text{react}} H^{\ominus}$ と標準生成エンタルピー $\Delta_{\text{f}} H^{\ominus}$

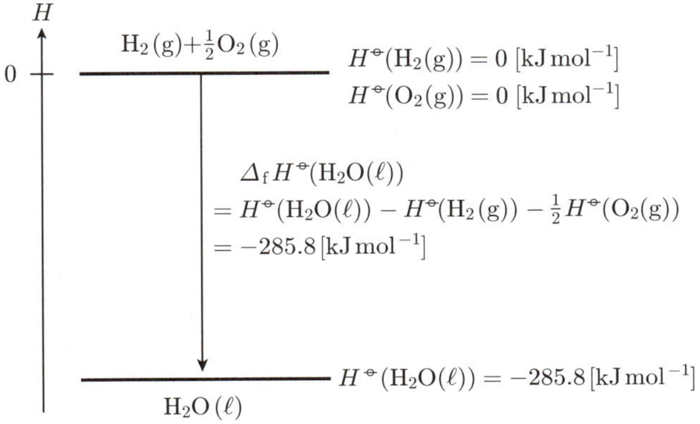

図 5.4　水の標準生成エンタルピー $\Delta_{\text{f}} H^{\ominus}(\text{H}_2\text{O}(\ell))$

**例題 5.1** 式 (5.20) を 5.4.3 項のエステル化反応

$$\mathrm{CH_3COOH}(\ell) + \mathrm{C_2H_5OH}(\ell) \rightarrow \mathrm{CH_3COOC_2H_5}(\ell) + \mathrm{H_2O}(\ell)$$

に適用し，標準反応エンタルピーを求めなさい．

【解答】酢酸，エタノール，酢酸エチル，水の標準生成エンタルピーはそれぞれ表 5.3 の通りであり，標準反応エンタルピーは

$$\Delta_{\mathrm{react}} H^{\ominus} = -479.9 - 285.8 + 483.5 + 277.6 = -4.6 \ [\mathrm{kJ\ mol^{-1}}]$$

と計算される．つまり，このエステル化反応は式 (5.17) にも示したように，$-4.6\ \mathrm{kJ\ mol^{-1}}$ の発熱反応である．この反応に関わる標準生成エンタルピー，標準反応エンタルピーの関係を，図 5.5 に示した．■

表 5.3　エステル化反応の反応物，生成物の 298.15 K における標準生成エンタルピー

|  | $\Delta_{\mathrm{f}} H^{\ominus}/\mathrm{kJ\ mol^{-1}}$ |
|---|---|
| $\mathrm{CH_3COOH}(\ell)$ | $-483.5$ |
| $\mathrm{C_2H_5OH}(\ell)$ | $-277.6$ |
| $\mathrm{CH_3COOHC_2H_5}(\ell)$ | $-479.9$ |
| $\mathrm{H_2O}(\ell)$ | $-285.8$ |
| $\mathrm{O_2}(\mathrm{g})$ | $0$ |

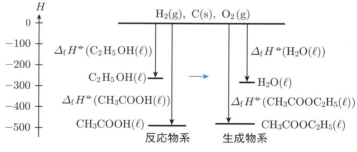

$$\Delta_{\mathrm{react}} H^{\ominus} = \Delta_{\mathrm{f}} H^{\ominus}(\mathrm{CH_3COOC_2H_5}(\ell)) + \Delta_{\mathrm{f}} H^{\ominus}(\mathrm{H_2O}(\ell))$$
$$- \Delta_{\mathrm{f}} H^{\ominus}(\mathrm{CH_3COOH}(\ell)) - \Delta_{\mathrm{f}} H^{\ominus}(\mathrm{C_2H_5OH}(\ell))$$

図 5.5　酢酸とエタノールから酢酸エチルと水を生成するエステル化反応の標準反応エンタルピー

## 5.5 反応エンタルピーの温度変化

異なる温度での反応エンタルピーは，反応に関わる定圧熱容量変化

$$\Delta_{\text{react}} C_P = x C_P(\text{X}) + y C_P(\text{Y}) + \cdots - a C_P(\text{A}) - b C_P(\text{B}) - \cdots \tag{5.21}$$

を用いて計算できる．たとえば標準温度 $T_0$ での標準反応エンタルピー $\Delta_{\text{react}} H(T_0)$ がわかっているとき，異なる温度 $T$ での反応エンタルピーは

$$\Delta_{\text{react}} H(T) = \Delta_{\text{react}} H(T_0) + \int_{T_0}^{T} \Delta_{\text{react}} C_P \, dT \tag{5.22}$$

から求めることができる．

## 5.6 ジュール−トムソンの実験

ジュール−トムソンの実験はジュール−トムソン係数という実用的に非常に重要な熱力学量の測定に関するものである．この過程は以下に示すように等エンタルピー過程であるが，等エンタルピー過程を実現するためには，図 5.6 に示すような少々複雑な装置を用いて巧妙な実験を行う必要がある．

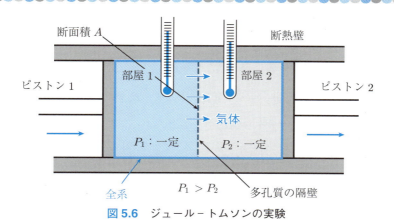

**図 5.6** ジュール−トムソンの実験

測定系は断熱壁で囲まれたシリンダーと 2 つのピストンからなる．シリンダーの中央には多孔質の隔壁が設けられ，シリンダーは 2 つの部屋に分けられており，ピストンの操作でそれぞれの部屋の気体の圧力を別々に調整できるようになっている．いま，部屋 1 の圧力を $P_1$ に，部屋 2 の圧力を $P_2$ ($P_1 > P_2$) に制御する．気体は中央の隔壁を通って部屋 1 から部屋 2 に移動するが，隔壁は多孔質なので気体の移動には抵抗があり，部屋 1, 2 の圧力をそれぞれ長時間一定値に制御していると気体の流れは定常的になる．その上で，それぞれの部屋の温度を測定する．測定結果は，低圧側つまり部屋 2 で温度が低くなり ($T_1 > T_2$)，部屋 1 との温度差 $\Delta T = T_1 - T_2$ は圧力差 $\Delta P = P_1 - P_2$ に比例する，ということである．つまり

$$\Delta T = \mu\, \Delta P \tag{5.23}$$

以下，この実験について詳細に解析する．シリンダーに充てんされている気体 1 mol の $P_1, P_2$ での体積を $V_1, V_2$ とする ($V_1 < V_2$)．そして，上記の操作の結果，1 mol の気体が定常流として部屋 1 から部屋 2 に移動したとする．これは，部屋 1 で $V_1$ であった気体が $V_2$ へと膨張して部屋 2 に移動したことに相当する．このとき，ピストン 1 によって気体になされた仕事 $w_1$ は

$$w_1 = (力) \times (距離) = (P_1 A)\left(\frac{V_1}{A}\right) = P_1 V_1 \tag{5.24}$$

ここで，$A$ は多孔質の隔壁の断面積である．同様に気体がピストン 2 にした仕事 $-w_2$ は $-w_2 = P_2 V_2$ となる．

したがって，全系で気体になされた仕事は

$$w = w_1 + w_2 = P_1 V_1 - P_2 V_2 \tag{5.25}$$

一方，系は断熱壁に囲まれているので $q = 0$

したがって，1 mol の気体が部屋 1 にいたときの内部エネルギーを $U_1$，部屋 2 に移動した後の内部エネルギーを $U_2$ とすると，内部エネルギー変化は

$$\Delta U = U_2 - U_1 = q + w = P_1 V_1 - P_2 V_2 \tag{5.26}$$

変形して $U_2 + P_2 V_2 = U_1 + P_1 V_1$．つまり

$$H_2 = H_1 \tag{5.27}$$

であり，エンタルピーが変化の間保存されていたことになる．同じ断熱過程でも，この場合は**等エンタルピー過程**である．

## 5.7 ジュール－トムソン係数

前節の実験では，式 (5.27) が示すようにエンタルピー一定の過程であった．したがって，式 (5.23) から圧力差と温度差の比は，偏微分係数として

$$\mu = \frac{\Delta T}{\Delta P} = \left(\frac{\partial T}{\partial P}\right)_H \tag{5.28}$$

と書くことができる．比例係数 $\mu$ を**ジュール－トムソン係数**という．式 (5.28) から

> $\mu > 0$ のとき　断熱膨張により，温度が下がる
> 　　　　　　　　断熱圧縮により，温度が上がる
> $\mu < 0$ のとき　断熱膨張により，温度が上がる
> 　　　　　　　　断熱圧縮により，温度が下がる

これらは $\mu > 0$ の気体では断熱膨張により気体を冷却することができることを意味している．断熱膨張，断熱圧縮により系が冷却，加熱されるこのような現象のことを**ジュール－トムソン効果**という．

いくつかの気体の常温常圧におけるジュール－トムソン係数を**表 5.4** に示す．また，いくつかの気体に対する $\mu$ の値の符号の温度，圧力依存性を模式的に**図 5.7** に示す．$\mu$ は温度と圧力に依存し，正負いずれの値も取り得る．たとえば，ある温度である気体の $\mu$ が正の値を取るとする．一般に，この気体の温度を上げていくと，$\mu$ はある温度で負の値に符号を変える．また，温度を下げていっても負の値となる．これらの符号が変わる温度のことを，それぞれ**上部逆転温度**，**下部逆転温度**という．

気体の液化温度においても $\mu > 0$ である気体は，気体の圧縮と膨張つまりポンプだけで液化することができる．気体の圧縮に伴って発生する熱を外界に逃がしながら気体をポンプで圧縮し，これを断熱膨張させて気体を冷却する．こ

の冷却された気体に対してさらに圧縮，膨張，冷却を連続的に繰り返すことにより，気体の温度は下がり続け，液化温度に至り気体は液化される．1895年にリンデにより空気の液化装置が開発され，1902年には液化酸素（液化温度90 K）が，1903年には液体窒素（液化温度77 K）が工業的に大量生産されるようになった．

表 5.4　ジュール-トムソン係数（1 atm）

|  | 窒素 | 二酸化炭素 | 水素 | ヘリウム |
|---|---|---|---|---|
| $\mu/\text{K atm}^{-1}$ | 0.29 (293 K) | 1.15 (295 K) | $-0.03$ (298 K) | $-0.04$ (300 K) |

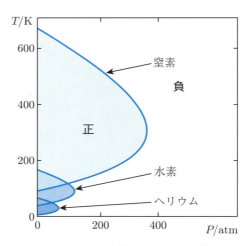

図 5.7　ジュール-トムソン係数の温度，圧力依存性の模式図．係数は，温度，圧力により，符号を変える．

## 演習問題

**5.1** 表5.3の標準生成エンタルピー $\Delta_\text{f} H^\ominus$ の数値および $\Delta_\text{f} H^\ominus(\text{CO}_2(\text{g})) = -393.5$ [kJ mol$^{-1}$] であることを用いて，エタノールに関する次の反応の 298.15 K における標準反応エンタルピー $\Delta_\text{react} H^\ominus$ を求めなさい．

$$\text{C}_2\text{H}_5\text{OH}(\ell) + 3\text{O}_2(\text{g}) \to 2\text{CO}_2(\text{g}) + 3\text{H}_2\text{O}(\ell)$$

**5.2** 膨張率 $\alpha$，等温圧縮率 $\kappa_T$，内圧 $\pi_T$ を用いて，実験からは直接求めることが困難な量を，計算から求めることができる．このことに関して，以下の問いに答えなさい．

(1) 内部エネルギー $U$ は，体積 $V$ と温度 $T$ の関数であるとする．このとき，$U = U(V, T)$ から出発して，圧力一定下での内部エネルギーの温度依存性を表す式

$$\left(\frac{\partial U}{\partial T}\right)_P = \alpha \pi_T V + C_V$$

を導出しなさい．

(2) エンタルピー $H$ は，圧力 $P$ と温度 $T$ の関数であるとする．このとき，$H = (P, T)$ から出発して，体積一定下でのエンタルピーの温度依存性を表す式

$$\left(\frac{\partial H}{\partial T}\right)_V = \left(1 - \frac{\alpha \mu}{\kappa_T}\right) C_P$$

を導出しなさい．

導出に当たっては，$x, y, z$ の間に $z = z(x, y)$ の関係があるとき，これらに関する偏微分の間に次の公式が成り立つことを用いなさい．

$$\left(\frac{\partial x}{\partial y}\right)_z \left(\frac{\partial y}{\partial z}\right)_x \left(\frac{\partial z}{\partial x}\right)_y = -1 \qquad (\text{a})$$

$$\left(\frac{\partial x}{\partial y}\right)_z \left(\frac{\partial y}{\partial x}\right)_z = 1 \qquad (\text{b})$$

**5.3** 定圧熱容量と定積熱容量の差について以下の問いに答えなさい．

(1) 定圧熱容量と定積熱容量の差は，厳密には

$$C_P - C_V = \left(\frac{\partial H}{\partial T}\right)_P - \left(\frac{\partial U}{\partial T}\right)_V = \left(\frac{\partial V}{\partial T}\right)_P \left\{\left(\frac{\partial U}{\partial V}\right)_T + P\right\}$$

であることを示しなさい．

(2) この結果と，ジュールの実験の結果 $\left(\frac{\partial U}{\partial V}\right)_T = 0$ を用いて，1 mol の理想気体に対しては

$$C_P - C_V = R$$

となることを示しなさい．

(3) さらに，実在系に対しては

$$C_P - C_V = \frac{\alpha^2 TV}{\kappa_T}$$

となることを示しなさい．

5.4 ジュール-トムソン係数が正である領域と負である領域を模式的に示した図 5.7 に基づいて，水素ガスとヘリウムガスから効率よく液体水素と液体ヘリウムを得るためにはどのようにすればよいか，熱力学の立場からその原理について説明しなさい．酸素と窒素は概ね同様のふるまいを示すものとし，装置の詳細などについては説明する必要はない．

# 第 6 章

# カルノーサイクルと熱力学第二法則

　第 1 章において，巨視系の安定性はエネルギーだけでは記述できないことを述べた．それではエネルギー以外の別の因子とは何であろうか．この因子を考えるための出発点となる最も基本的な原理が熱力学第二法則である．熱力学第二法則は，エネルギーを仕事に変えるどのように優れた装置があったとしても，使用したエネルギーを 100％ の効率で仕事に変えることはできない，という法則である．熱力学第二法則は，例として理想気体を用いたカルノーエンジンの 1 サイクル分の熱効率を考察することにより，よく理解することができる．

## 6.1 カルノーサイクル

1824 年，フランスのカルノーは熱源から気体に熱を送り込み，気体の膨張，収縮を通して熱を仕事に変換する装置を考案した．図 6.1 に示すように，**カルノーエンジン**は温度 $T_h$ の高熱源と $T_\ell$ の低熱源を持ち，高熱源と低熱源の間にシリンダーを置いて気体を封入し，ピストンを構成したものである．熱源とシリンダーの間に断熱板や伝熱板を出し入れし，熱の流れを操作することができるようになっており，封入した気体に対して図 6.1, 6.2 に示すように工程 1（等温膨張）→ 工程 2（断熱膨張）→ 工程 3（等温圧縮）→ 工程 4（断熱圧縮）を行わせ，これを繰り返すことによりピストンが外界に対して連続的に仕事をすることができるようになっている．この繰返しのサイクルつまり**循環過程**を**カルノーサイクル**と呼ぶ．

いま，解析を簡単にするために図 6.1 のシリンダーには 1 mol の理想気体が封入されているとし，これを系と考える．また，変化はすべて可逆的であるとする．

### 工程 1　等温膨張 A → B

高熱源との間に伝熱板，低熱源との間に断熱板を置いて，温度 $T_h$ で等温的に系（気体）を $V_A$ から $V_B$ まで膨張させる．このとき，高熱源から $q_1$ の熱が系に流れ込み（系は $q_1$ の熱を吸収し），系は外界に対して $-w_1$ の仕事をする（系に $w_1$ の仕事がなされる）．

温度一定なので，理想気体である系に対しては

$$\Delta U = q_1 + w_1 = 0 \tag{6.1}$$

式 (6.1) と理想気体の等温可逆膨張の仕事の式 (4.4) から

$$q_1 = -w_1 = RT_h \ln \frac{V_B}{V_A} \tag{6.2}$$

ここで，$V_B > V_A$ であり，$q_1$ と $-w_1$ は正の値（$w_1$ は負の値）を持つ．これは確かに熱源から系に熱が流れ込み，また系は外界に対して仕事をしたことを意味している．

6.1 カルノーサイクル

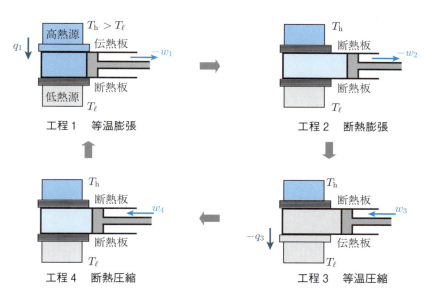

図 **6.1** カルノーエンジン

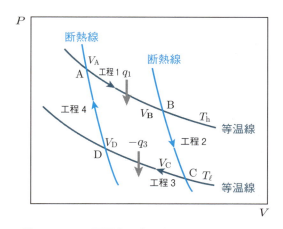

図 **6.2** $PV$ 平面上に表したカルノーサイクル

## 工程2　断熱膨張 B → C

高熱源，低熱源との間に断熱板を置いて，系を $V_B$ から $V_C$ まで断熱的に膨張させ，系に $-w_2$ の仕事をさせて，温度を $T_\ell$ まで下げる．

断熱変化なので

$$q_2 = 0 \quad \text{つまり} \quad \Delta U = q_2 + w_2 = w_2 \tag{6.3}$$

したがって，式 (4.15) から

$$\begin{aligned} -w_2 &= -\Delta U = -C_V(T_\ell - T_h) \\ &= C_V(T_h - T_\ell) > 0 \end{aligned} \tag{6.4}$$

系は 1 mol の理想気体なので，$C_V = \frac{3}{2}R$ で一定である．ここでも，確かに系は外界に対して仕事をしている．一方で，内部エネルギーはより低くなり，これは内部エネルギーを消費して仕事をしていることに相当する．

## 工程3　等温圧縮 C → D

高熱源との間に断熱板，低熱源との間に伝熱板を置いて，温度 $T_\ell$ で等温的に $V_C$ から $V_D$ まで圧縮する．このとき，系から $-q_3$ の熱が低熱源に流れ込み（系は $q_3$ の熱を吸収し），系は外界によって $w_3$ の仕事をなされる．

温度一定なので

$$\Delta U = q_3 + w_3 = 0 \tag{6.5}$$

したがって，可逆過程を仮定しているので

$$q_3 = -w_3 = \int_C^D P\,dV = RT_\ell \int_{V_C}^{V_D} \frac{dV}{V} = RT_\ell \ln \frac{V_D}{V_C} \tag{6.6}$$

ここで，$V_D < V_C$ であり，$q_3$ と $-w_3$ は負の値（$w_3$ は正の値）を持つ．これは系は外界に仕事をしてもらっているが，その際，同時に系から低熱源へと熱が流れ出ていることを意味している．ここで重要なことは，系は外界に仕事をしてもらった分だけ内部エネルギーを上げているが，それと同じ分だけ内部エネルギーを熱の形で低熱源に移行させている，つまり捨てていることである．そしてその結果として，工程3の系の内部エネルギー変化は 0 である．この捨てている熱の存在が，熱力学第二法則と深く関わっている．

### 工程 4　断熱圧縮 $D \to A$

　高熱源，低熱源との間に断熱板を置いて，$V_D$ から $V_A$ まで断熱的に圧縮し，系は外界から $w_4$ の仕事をしてもらって，温度を $T_h$ まで上げる．実は，工程 3 のときに，工程 4 において系の体積が $V_A$ になったときにちょうど温度が $T_h$ となるような $V_D$ を選び，そこであらかじめ工程 3 を終えておいたということである．

　断熱変化なので $q_4 = 0$ つまり $\Delta U = q_4 + w_4 = w_4$．したがって

$$-w_4 = -\Delta U = -C_V(T_h - T_\ell) < 0 \tag{6.7}$$

系は外界から仕事をしてもらい，内部エネルギーを高くして元の状態 A に戻っている．

## 6.2　カルノーサイクルにおける熱力学量の変化

　カルノーエンジンの 1 サイクルで，系が外界に対してなした正味の仕事 $-w$ は以下のようになる．

$$\begin{aligned}
-w &= -w_1 - w_2 - w_3 - w_4 \\
&= RT_h \ln \frac{V_B}{V_A} + C_V(T_h - T_\ell) + RT_\ell \ln \frac{V_D}{V_C} - C_V(T_h - T_\ell) \\
&= RT_h \ln \frac{V_B}{B_A} - RT_\ell \ln \frac{V_C}{V_D}
\end{aligned} \tag{6.8}$$

式 (6.8) の最後の式は，右辺第 1 項，第 2 項とも正の値となるよう変形している．また，系が吸収した正味の熱 $q$ は

$$q = q_1 + q_2 + q_3 + q_4 = q_1 + q_3 = RT_h \ln \frac{V_B}{V_A} - RT_\ell \ln \frac{V_C}{V_D} \tag{6.9}$$

したがって，カルノーサイクルにおける正味の内部エネルギー変化は

$$\Delta U = q + w = 0 \tag{6.10}$$

であり，確かに内部エネルギー $U$ は保存されている．つまり状態関数としての性質を満たしている．これは計算の過程で熱力学第一法則を使っていたので，当然の結果である．

## 6.3 カルノーサイクルの熱効率

カルノーエンジンにおいて，熱を仕事に変える効率，つまり**熱効率** $\eta$ は以下のように定義される．

$$\eta = \frac{\text{系が外界に対してなした正味の仕事}}{\text{高熱源から得た熱}} = \frac{-w}{q_1}$$

$$= \frac{RT_h \ln \frac{V_B}{V_A} - RT_\ell \ln \frac{V_C}{V_D}}{RT_h \ln \frac{V_B}{V_A}} \tag{6.11}$$

式 (6.11) を整理する．理想気体の断熱可逆過程に対しては

$$dU = đq + đw = đw = -P\,dV = -RT\frac{dV}{V} \tag{6.12}$$

一方，$dU$ を式 (4.13) に従って別の形で表すと，理想気体に対しては $\pi_T = 0$ なので

$$dU = C_V\,dT + \pi_T\,dV = C_V\,dT \tag{6.13}$$

したがって，式 (6.12) と (6.13) から

$$C_V\,dT = -RT\frac{dV}{V} \tag{6.14}$$

変形して

$$\frac{C_V\,dT}{RT} = -\frac{dV}{V} \tag{6.15}$$

工程 2 に対しては

$$\frac{C_V}{R}\int_{T_h}^{T_\ell}\frac{dT}{T} = -\int_{V_B}^{V_C}\frac{dV}{V} \tag{6.16}$$

$$\frac{C_V}{R}\ln\frac{T_\ell}{T_h} = -\ln\frac{V_C}{V_B} \tag{6.17}$$

これよりただちに

$$\frac{V_\text{C}}{V_\text{B}} = \left(\frac{T_\ell}{T_\text{h}}\right)^{-\frac{C_V}{R}} \tag{6.18}$$

同様に工程 4 に対しては

$$\frac{V_\text{A}}{V_\text{D}} = \left(\frac{T_\text{h}}{T_\ell}\right)^{-\frac{C_V}{R}} \tag{6.19}$$

したがって

$$\frac{V_\text{C}}{V_\text{B}} = \frac{V_\text{D}}{V_\text{A}} \quad \text{つまり} \quad \frac{V_\text{B}}{V_\text{A}} = \frac{V_\text{C}}{V_\text{D}} \tag{6.20}$$

式 (6.11) に代入して

$$\eta = \frac{T_\text{h} - T_\ell}{T_\text{h}} \tag{6.21}$$

これが**カルノーエンジンの熱効率**である．ここでは可逆過程を仮定していたので，カルノーエンジンは最大仕事をする無駄のない理想的なエンジンである．にもかかわらず，式 (6.21) の $\eta$ は低熱源の温度 $T_\ell$ が 0 K でない限り必ず効率は 1 より小さく，高熱源から得た熱のうち一部を仕事に変え，残りは熱として低熱源に捨てなければならないことを示している．

## 6.4 熱力学第二法則

クラウジウスとケルビンは，19 世紀の半ば頃，熱が仕事に変換されるときの条件の考察を進める中で，以下のような結論に至った．

> **熱力学第二法則**
> 熱源から熱を吸収してそれを仕事に変換する過程において，熱を 100% の効率で仕事に変えることはできない．

これが**熱力学第二法則**である．ここでいっていることは確かにカルノーエンジンでも成り立っており，式 (6.21) の示す通りである．次章で学ぶように，これはエネルギー以外に系の安定性を記述するもう 1 つの因子を見出すための議論の出発点となる重要な法則である．

## 6.5 熱効率の簡単な例

熱効率の例として，ここでは熱機関とヒートポンプの 2 つについて簡単に考察しておこう．

### 6.5.1 熱機関

**熱機関**の 1 つである蒸気機関においては，高熱源の温度は石炭を焚いて発生させた高温蒸気の温度，低熱源の温度は蒸気を水に戻す凝縮器の温度に相当する．したがって，高熱源と低熱源の温度の概数として

$$T_h = 400 \ [\text{K}], \quad T_\ell = 300 \ [\text{K}] \tag{6.22}$$

とおいて差し支えない．このとき

$$\eta = \frac{400 - 300}{400} = 0.25 \tag{6.23}$$

である．概ね常識的な効率の範囲内である．

式 (6.21) から，高熱源の温度が高ければ高いほど，また低熱源の温度が低ければ低いほど熱効率の値は高くなる．ガソリンエンジンやディーゼルエンジンの燃焼温度を高くすれば自動車の燃料効率がよくなるというのも同じ原理による．また，発電所におけるタービンの低熱源の温度は概ね海水の温度に相当するので，立地として寒冷地ほど発電効率はよくなるというのも同じ原理によっている．

### 6.5.2 ヒートポンプ

カルノーエンジンの逆の過程を考えてみよう．外界から系に仕事をすることによってカルノーエンジンを逆に回すと，低熱源から高熱源へ熱を移動させることができる．図 6.3 に示すような暖房に用いる**ヒートポンプ**はこの原理に従っている．この場合，熱効率は次のように定義される．

$$\eta' = \frac{移動した熱}{系にした仕事} = \frac{q_1}{w}$$
$$= \frac{T_\mathrm{h}}{T_\mathrm{h} - T_\ell} \tag{6.24}$$

家庭で用いられるエアコンもヒートポンプの 1 つである．冬の日の外気である低熱源の温度を 278 K，高熱源に相当する室内温度を 298 K とすると

$$\eta' = \frac{298}{298 - 278} \approx 15 \tag{6.25}$$

であり，計算上，効率は 1500% にもなる．これはあながち間違いではなく，家庭用に普及しているエアコンでも 200〜300% くらいの熱効率が実現されている．投入した電力よりも何倍も大きな熱を得ることができるのである．

図 6.3　カルノーエンジンによるヒートポンプ

### 演習問題

**6.1** 中部電力碧南火力発電所は石炭を原料とした水蒸気タービンにより，1号機から5号機まで合わせると410万 kW の発電能力を持つ世界でも最大級の火力発電所である．このうち最新の4,5号機（それぞれ100万 kW）では，タービンの入口で水蒸気は 241 atm, 839 K である．

(1) 最終出口で水蒸気は 1 atm, 288 K であるとし，このシステムが理想的なカルノーエンジンとして稼働しているとして，その効率 $\eta$ を求めなさい．

(2) 上記発電機の実際の発電効率は，ここでの計算値よりかなり小さく，約42%である．その原因として考えられるところのものをいくつか挙げなさい．

**6.2** ジュールは，図 6.4 に示すような可逆循環過程によって理想気体が外界に対して仕事をする熱機関（ジュールのサイクル）を考えた．この熱機関の熱効率が

$$\eta = 1 - \left(\frac{P_2}{P_1}\right)^{\frac{C_P}{C_V}}$$

で与えられることを，カルノーサイクルに対して行った解析と同様にして導き，この場合も熱効率は必ず1より小さくなることを確かめなさい．

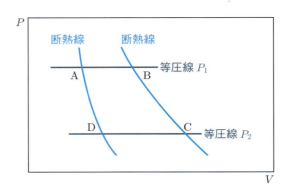

図 6.4　ジュールのサイクル

# 第 7 章

# エントロピーと熱力学第三法則

　カルノーサイクルの簡単な考察から，エントロピーと呼ばれる新たな状態関数を定義することができる．エントロピーは，熱力学第二法則がいうところの"仕事に使えないエネルギー"に関係した量である．エントロピーは，エネルギー以外に系の平衡を決めるもう1つの重要な因子である．熱力学第三法則はエントロピーの値に関するものであり，これによりエントロピーの絶対値を議論することが可能となる．

## 7.1 エントロピー

前章で考察したカルノーサイクルは，状態 A から B, C, D を経て再び A に戻ってきている．つまり，同じ状態に戻る循環過程である．この循環過程 1 サイクルで変化しない量，つまり我々がまだ知らない保存量があることを以下に示す．

### 7.1.1 新たな保存量

カルノーサイクルの 1 サイクルにおいて系がなした正味の仕事は式 (6.8) で与えられるが，これを別の形に書いてみる．式 (6.9), (6.10) から

$$-w = q = q_1 + q_3 \tag{7.1}$$

したがって，効率 $\eta$ は式 (6.11) の定義から

$$\eta = \frac{-w}{q_1} = \frac{q_1 + q_3}{q_1} \tag{7.2}$$

式 (6.21) と合わせて

$$\frac{q_1 + q_3}{q_1} = \frac{T_\mathrm{h} - T_\ell}{T_\mathrm{h}} \tag{7.3}$$

変形して

$$\frac{q_1}{T_\mathrm{h}} + \frac{q_3}{T_\ell} = 0 \tag{7.4}$$

左辺第一項は 6.1 節の工程 1，第二項は工程 3 に関わるものである．一方，工程 2 と 4 においては $\frac{q}{T} = 0$ なので，工程 1 から 4 までの 1 サイクル分の和を取ると

$$\sum_{\text{全行程}} \frac{q}{T} = 0 \tag{7.5}$$

と書くことができる．つまり，カルノーサイクルにおいては，1 サイクル循環すると $\frac{q}{T}$ の和は 0 になる．つまり $\frac{q}{T}$ の和は変化することなく，保存される．

### 7.1.2 任意の可逆循環過程

カルノーサイクルでは，可逆過程を仮定していた．ここで，図 7.1 (a) に示すように，$PV$ 平面上で任意の可逆循環過程を考える．この任意の可逆循環過程は，図 7.1 (b) に拡大して示すような微小なカルノーサイクル □ の集合として表すことができる．1 つの微小なカルノーサイクルは，第 6 章で考察したカルノーエンジンの 1 サイクルを反映して，図 6.2 と同じく 4 本の等温線，断熱線，等温線，断熱線で構成されている．そして，1 つのカルノーサイクルは周囲のカルノーサイクルと等温線，断熱線を共有している．ただし，微小なカルノーサイクルの集合の外周は，カルノーサイクルが $PV$ 平面上で有限の大きさを持っているために，注目している可逆循環過程の滑らかな経路と比べて，少しギザギザしている．

これら微小なカルノーサイクルの全集合体に対して，$\frac{q}{T}$ の和を取ることを考える．このとき，1 つのカルノーサイクルの等温線もしくは断熱線に対して，それを共有している隣り合うカルノーサイクルの工程は必ず逆方向であり，これらの $\frac{q}{T}$ は互いに打ち消し合う．したがって，すべての微小なカルノーサイクル □ の集合体に対して $\frac{q}{T}$ の和を取ると，隣り合うカルノーサイクルを持たない外周のギザギザからの寄与だけが残る．この和は，任意の循環過程の滑らかな経路に沿った積分とギザギザの分だけが異なるが，他は同等であり

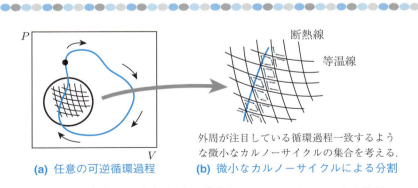

(a) 任意の可逆循環過程    (b) 微小なカルノーサイクルによる分割

図 7.1　任意の可逆循環過程の微小なカルノーサイクルによる分割

$$\oint_{任意の循環過程} \frac{đq_{\text{rev}}}{T} \approx \sum_{全 \square} \frac{q_{\text{rev}}}{T} \tag{7.6}$$

と書ける．ここで，可逆過程であることを強調するために $q$ の添え字に可逆を意味する rev（reversible）を付けた．一方，それぞれの微小サイクルにおいて

$$\sum_{\square} \frac{q_{\text{rev}}}{T} = 0 \tag{7.7}$$

したがって

$$\sum_{全 \square} \frac{q_{\text{rev}}}{T} = \sum_{\square} \frac{q_{\text{rev}}}{T} + \sum_{\square} \frac{q_{\text{rev}}}{T} + \sum_{\square} \frac{q_{\text{rev}}}{T} + \cdots = 0 \tag{7.8}$$

ここで，微小サイクル $\square$ の微小極限を取ると次のようになる．

$$\lim_{\square \to 0} \sum_{全 \square} \frac{q_{\text{rev}}}{T} = \oint_{任意の循環過程} \frac{đq_{\text{rev}}}{T} = 0 \tag{7.9}$$

## 7.2 新しい状態関数，エントロピー

式 (7.9) は，重要な意味を持つ．つまり，$\frac{đq_{\text{rev}}}{T}$ の積分に関して，ある初状態から出発して任意の経路を取り，元の同じ状態に戻ってきたとき，経路に沿った積分は 0 になるということを示している．これは $\frac{đq_{\text{rev}}}{T}$ の積分が経路によらないこと，つまり，$đq_{\text{rev}}$ は不完全微分であっても，$\frac{đq_{\text{rev}}}{T}$ は完全微分であることを意味している．このことは $\frac{đq_{\text{rev}}}{T}$ の積分が状態関数であることと同義である．そこで，この関数に対して新たな記号 $S$ を導入し，**エントロピー**と呼ぶことにする．新しい状態関数 $S$ は微分の形で

$$dS = \frac{đq_{\text{rev}}}{T} \tag{7.10}$$

また，積分の形でたとえば状態 A から状態 B への変化に対して

$$\Delta S = S_{\text{B}} - S_{\text{A}} = \int_{\text{A}}^{\text{B}} dS = \int_{\text{A}}^{\text{B}} \frac{đq_{\text{rev}}}{T} \tag{7.11}$$

と定義する．ここで，エントロピーは可逆過程に対して定義されていることに注意を要する．

## 7.3 不可逆過程のエントロピー変化

式 (7.10), (7.11) のように可逆過程で定義されているエントロピーに対して，不可逆過程に沿った変化はどのようにして求めればよいのであろうか．図 7.2 に示すように，不可逆過程のエントロピー変化は計算式がないのでこれを直接求めることはできない．しかしながら，エントロピーは状態関数なので，$\Delta S$ は変化の経路によらない．つまり，同じ初状態と同じ終状態を持つ変化であれば，不可逆過程であっても可逆過程であっても同じ $\Delta S$ となる．そこで，不可逆過程のエントロピー変化は，同じ初状態と終状態を持つ可逆過程を見つけた上で，式 (7.10), (7.11) の定義に従った計算式から求めることとなる．一度可逆過程に沿って求めてしまえば，どのような変化の経路に対してもこれを用いることができる．実際の物質に対するエントロピー変化の求め方は 7.5 節で説明する．

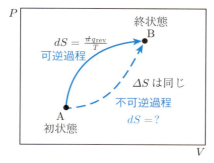

図 7.2 不可逆過程のエントロピー変化は，同じ初状態と同じ終状態を持つ別の可逆過程の経路を用いて求める．

## 7.4 熱力学第三法則

式 (7.11) では，エントロピーも内部エネルギーと同じく変化量 $\Delta S$ に対して定義がなされている．内部エネルギーやエンタルピーは，数値としては基準状態からの変化量を取り扱うのみであった．エントロピーも，絶対量は式 (7.11) だけからでは得ることができない．しかしながら，<u>エントロピーは内部エネルギーやエンタルピーと異なり，絶対量を議論することができる</u>．その基準を与える法則が以下の**熱力学第三法則**である．

> **熱力学第三法則**
> 完全結晶のエントロピーは，絶対零度において 0 である．

これは，すべての完全結晶は絶対零度で同じエントロピーを持つということであり，その値が 0 であるということである．このゼロ基準から，7.5.3 項で説明するようにエントロピーの絶対値を求めることができる．この法則は統計力学におけるギブズによるエントロピーの定義とも一致している．

同じ絶対零度であっても，完全結晶でない欠陥を含む結晶やガラス質の物質のエントロピーは 0 ではない．このようなエントロピーのことを**残余エントロピー**という．

## 7.5 状態変化に伴うエントロピーの変化

内部エネルギーやエンタルピーと同様に，エントロピーも系の温度や体積に依存し，また相転移に伴い値を変える．

### 7.5.1 理想気体のエントロピー変化

簡単のため，まずは理想気体について考察する．一般に，式 (7.10) と熱力学第一法則 (3.5) から

$$dS = \frac{đq_{\text{rev}}}{T} = \frac{dU - đw_{\text{rev}}}{T} \tag{7.12}$$

さらに，1 mol の理想気体に対しては，式 (4.7), (4.8), (4.10), (4.12)，ならび

## 7.5 状態変化に伴うエントロピーの変化

に可逆過程に対する膨張仕事の式 (4.3) および理想気体の状態方程式を用いて

$$dS = \frac{C_V\,dT + P\,dV}{T} = \frac{3R}{2}\frac{dT}{T} + R\frac{dV}{V} \tag{7.13}$$

初状態と終状態を A と B で表すと，式 (7.13) を積分して理想気体のエントロピー変化

$$\begin{aligned}\Delta S = S_\mathrm{B} - S_\mathrm{A} &= \frac{3R}{2}\int_{T_\mathrm{A}}^{T_\mathrm{B}} \frac{dT}{T} + R\int_{V_\mathrm{A}}^{V_\mathrm{B}} \frac{dV}{V} \\ &= \frac{3R}{2}\ln\frac{T_\mathrm{B}}{T_\mathrm{A}} + R\ln\frac{V_\mathrm{B}}{V_\mathrm{A}}\end{aligned} \tag{7.14}$$

が得られる．

### 7.5.2 相転移に伴うエントロピー変化

大気圧下での観察のように，注目している系の相転移はある転移温度において一定圧力の下で生じているものとする．このとき，定圧過程なので

$$đq = dH \tag{7.15}$$

また，転移温度では系は平衡を保ちながら無限に時間をかけて転移すると考えてよいので，変化は可逆過程として扱うことができる．したがって

$$dS = \frac{đq_\mathrm{rev}}{T} = \frac{dH}{T} \tag{7.16}$$

つまり

$$\Delta_\mathrm{tr} S = \frac{\Delta_\mathrm{tr} H}{T} \tag{7.17}$$

ここで添え字 tr は**転移**（transition）を意味する．したがって，**表 5.2** のような転移エンタルピーがわかればただちに式 (7.17) から転移エントロピーを計算することができる．

標準蒸発エントロピーは広範な種類の液体において，約 $85\,\mathrm{J\,K^{-1}\,mol^{-1}}$ とほぼ同じ値を取る．このことを**トルートンの規則**という．

### 7.5.3 実在系のエントロピーの温度依存性

等圧過程を考える．圧力が一定のとき，式 (5.7), (5.9) から

$$dq_{\rm rev} = dH = C_P\, dT \tag{7.18}$$

これを式 (7.10) に用いて

$$dS = \frac{C_P\, dT}{T} \tag{7.19}$$

これを $T_{\rm A}$ から $T_{\rm B}$ まで積分して

$$S(T_{\rm B}) = S(T_{\rm A}) + \int_{T_{\rm A}}^{T_{\rm B}} \frac{C_P}{T}\, dT \tag{7.20}$$

つまり，定圧熱容量の温度依存性がわかれば，エントロピーの温度依存性もわかることとなる．ここで，$T_{\rm A}$ に絶対零度，$T_{\rm B}$ に注目している温度 $T$ を選ぶと

$$S(T) = S(0) + \int_0^T \frac{C_P}{T}\, dT \tag{7.21}$$

となる．系は純物質であるとすると，絶対零度における純結晶のエントロピーは熱力学第三法則から $S(0) = 0$ なので，絶対零度からの定圧熱容量を測定すれば，物質のエントロピーの絶対値を温度の関数として得ることができる．物質は固体から液体，液体から気体へと相転移するので，融点を $T_{\rm m}$，沸点を $T_{\rm vap}$ とすると，式 (7.21) と (7.17) を用いて，より一般に

$$\begin{aligned}S(T) = &\int_0^{T_{\rm m}} \frac{C_P({\rm s})}{T}\, dT + \frac{\Delta_{\rm m} H}{T} \\ &+ \int_{T_{\rm m}}^{T_{\rm vap}} \frac{C_P(\ell)}{T}\, dT + \frac{\Delta_{\rm vap} H}{T} + \int_{T_{\rm vap}}^{T} \frac{C_P({\rm g})}{T}\, dT\end{aligned} \tag{7.22}$$

と計算される．実際には，絶対零度は原理的に実現できないので $T = 0$ [K] までの $C_P$ の測定はできず，ある低温の温度から理論に基づいて外挿することにより計算する．エントロピーの計算過程を図 **7.3** に模式的に示す．このようにして求められたエントロピーのことを**第三法則エントロピー**と呼ぶ．

このようにして求めた物質のエントロピーの値は，エンタルピーと同じく，1 mol の物質が標準状態にあるときのエントロピー，つまり**標準モルエントロピー** $S_{\rm m}^\ominus$ として整理されている．添え字 m は，示量変数に対してそれが特に 1 mol あたりの量であることを強調するために用いられている．エントロピーの値は，エンタルピーの場合のような変化量，相対量ではなく，絶対量である．

## 7.6 標準反応エントロピー

化学反応に関して，たとえば

$$aA + bB + \cdots \to xX + yY + \cdots$$

の反応に対して，標準反応エントロピー $\Delta_{\text{react}} S^{\ominus}$ は，データベースなどに整理されている標準モルエントロピーを用いて

$$\Delta_{\text{react}} S^{\ominus} = x S_{\text{m}}^{\ominus}(X) + y S_{\text{m}}^{\ominus}(Y) + \cdots - a S_{\text{m}}^{\ominus}(A) - b S_{\text{m}}^{\ominus}(B) - \cdots \tag{7.23}$$

から，標準反応エンタルピーの場合と同様，簡単に計算される．

$$S(T) = \int_0^{T_{\text{m}}} \frac{C_P(\text{s})}{T} dT + \frac{\Delta_{\text{m}} H}{T} + \int_{T_{\text{m}}}^{T_{\text{vap}}} \frac{C_P(\ell)}{T} dT + \frac{\Delta_{\text{vap}} H}{T} + \int_{T_{\text{vap}}}^{T} \frac{C_P(\text{g})}{T} dT$$

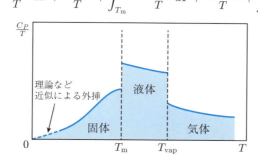

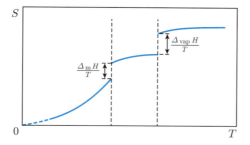

図 7.3 温度の関数としての物質のエントロピー

## 演習問題

**7.1** ある物質の 1 atm における定圧モル熱容量の温度変化が，式 (5.11) とは違った形で

$$C_P = a + bT + \frac{c}{T^2}$$

のように表されるとき，この物質 1 mol が 1 atm で温度 $T_A$ から $T_B$ へと変化した際のエンタルピー変化 $\Delta H$ とエントロピー変化 $\Delta S$ を求めなさい．

**7.2** 表 7.1 の標準モルエントロピー $S_m^\ominus$ の数値を用いて，エタノールに関する次の 2 つの反応の 298.15 K における標準反応エントロピー $\Delta_{\text{react}} S^\ominus$ を求めなさい．

$$\text{CH}_3\text{COOH}(\ell) + \text{C}_2\text{H}_5\text{OH}(\ell) \to \text{CH}_3\text{COOC}_2\text{H}_5(\ell) + \text{H}_2\text{O}(\ell)$$

$$\text{C}_2\text{H}_5\text{OH}(\ell) + 3\text{O}_2(\text{g}) \to 2\text{CO}_2(\text{g}) + 3\text{H}_2\text{O}(\ell)$$

**7.3** 1 mol の理想気体を，300 K において等温的に体積が 2 倍になるまで真空へと不可逆的に自由膨張させた．
(1) このときの理想気体のエントロピー変化の値を求めなさい．
(2) このときの外界のエントロピー変化を求めなさい．
(3) 理想気体と外界とを合わせた全系のエントロピー変化を求めなさい．
(4) この過程では，全系のエントロピー変化は正か負か，それとも 0 か．

**7.4** エントロピーの持つ分子論的な意味を自分で調べ，400 字程度で簡潔に論じなさい．

表 **7.1** エタノールに関する反応の反応物，生成物の 298.15 K における標準モルエントロピー

| | $S_m^\ominus / \text{J K}^{-1}\,\text{mol}^{-1}$ |
|---|---|
| $\text{CH}_3\text{COOH}(\ell)$ | 158.0 |
| $\text{C}_2\text{H}_5\text{OH}(\ell)$ | 159.9 |
| $\text{CH}_3\text{COOC}_2\text{H}_5(\ell)$ | 259.4 |
| $\text{H}_2\text{O}(\ell)$ | 69.9 |
| $\text{O}_2(\text{g})$ | 205.1 |
| $\text{CO}_2(\text{g})$ | 213.8 |

# 第8章

# 平衡の条件,自由エネルギー

　系の安定性を記述する熱力学量について考察する.孤立系に対しては,平衡の条件はエントロピーで記述される.また,外界と接している系では,温度,体積が一定のときはヘルムホルツの自由エネルギーで,温度,圧力が一定のときはギブズの自由エネルギーで系の安定性が記述できる.つまり,力学においてポテンシャルエネルギーが果たしている役割を,巨視系では自由エネルギーが担う.

# 第 8 章 平衡の条件，自由エネルギー

## 8.1 平衡の条件

系が外界に対して仕事をするとき，系がした仕事 $-đw$ は系が可逆過程の経路に沿って変化したとき最大の値を示し

$$-đw_{\text{rev}} > -đw_{\text{irr}} \tag{8.1}$$

である．添え字 rev, irr はそれぞれ**可逆**（reversible），**不可逆**（irreversible）を表す．系が仕事をしたとき，これらは正の値を持つ．したがって，系になされた仕事 $đw$ という書き方をすると

$$đw_{\text{rev}} < đw_{\text{irr}} \tag{8.2}$$

であり，これらは負の値を持つ．つまり可逆仕事の方が，より負の値である．一方，内部エネルギー変化は可逆過程でも不可逆過程でも同じ値を持つので

$$dU_{\text{rev}} = dU_{\text{irr}} \tag{8.3}$$

熱力学第一法則を用いて書き直すと

$$đq_{\text{rev}} + đw_{\text{rev}} = đq_{\text{irr}} + đw_{\text{irr}} \tag{8.4}$$

したがって，式 (8.2) と (8.4) から $đq_{\text{rev}} > đq_{\text{irr}}$ となる．結局

$$dS = \frac{đq_{\text{rev}}}{T} > \frac{đq_{\text{irr}}}{T} \tag{8.5}$$

この式について，少し見方を変えて吟味してみよう．可逆か不可逆か不明な $đq$ を伴う一般的なある過程に対して，何らかの方法で先にエントロピー $dS$ を知ることができたとする．この $dS$ を $\frac{đq}{T}$ と比べると，式 (8.5) から

$$dS = \frac{đq}{T} \text{ であれば，この過程は可逆過程} \tag{8.6}$$

$$dS > \frac{đq}{T} \text{ であれば，この過程は不可逆過程} \tag{8.7}$$

ということになる．可逆過程は平衡を保ちながら無限の時間をかけて変化する過程であり，これは平衡状態にあるということである．一方，不可逆過程は速度を持って自発的に変化している過程であり，これは平衡状態にはなく，平衡状態に向けて変化の途中にあるということである．したがって，式 (8.6), (8.7) を言いかえると

$$dS = \frac{dq}{T} : 平衡状態 \tag{8.8}$$

$$dS > \frac{dq}{T} : 自発的な変化の途中 \tag{8.9}$$

となる．これは熱力学において最も重要な式の1つであり，系が平衡状態にあるか，ないかの判定に用いることができる基本式である．

式 (8.8), (8.9) を合わせると，一般的に

$$dS \geq \frac{dq}{T} \tag{8.10}$$

である．これは，いかなる系の変化に対しても，$dS < \frac{dq}{T}$ のような変化はあり得ないということである．この関係式 (8.10) を**クラウジウスの不等式**という．

## 8.2 孤立系の平衡条件

孤立系は，式 (8.8), (8.9) の判定式を直接適用できる考えやすい系である．孤立系では $dq = 0$ なので，何らかの方法で $dS$ を知ることができたとすると，式 (8.8), (8.9) は

| | | |
|---|---|---|
| 平衡状態：$dS = 0$ | $S$：一定　極値，停留値 | (8.11) |
| 自発変化：$dS > 0$ | $S$：増加 | (8.12) |

となる．この関係を図 8.1 に示す．孤立系ではエントロピーの高い状態へと自発的に変化が起こり，**エントロピー最大の状態**で平衡となる．

力学系ではポテンシャルエネルギーが系の安定性を決定したが，巨視的な孤立系ではエントロピーが決める．

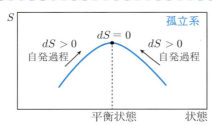

図 8.1　孤立系の平衡条件

## 8.3 互いに接した熱い鉄と冷たい鉄

第1章で例に挙げた互いに接した熱い鉄と冷たい鉄について考えてみよう．図 8.2 に示すように，系は断熱壁に囲まれており，孤立系である．したがって

$$đq = đq_A + đq_B = 0 \tag{8.13}$$

つまり

$$đq_A = -đq_B \tag{8.14}$$

さらに，$T_A > T_B$ なので

$$đq_A < 0, \quad đq_B > 0 \tag{8.15}$$

また，クラウジウスの不等式 (8.10) から

$$dS_A \geq \frac{đq_A}{T_A}, \quad dS_B \geq \frac{đq_B}{T_B} \tag{8.16}$$

全系としては

$$dS = dS_A + dS_B \geq \frac{đq_A}{T_A} + \frac{đq_B}{T_B} = đq_B\left(\frac{1}{T_B} - \frac{1}{T_A}\right) \tag{8.17}$$

したがって，$T_A > T_B$ のとき

$$dS > 0 \tag{8.18}$$

また，$T_A = T_B$ のとき

$$dS = 0 \tag{8.19}$$

式 (8.18), (8.19) は，$T_A > T_B$ のとき系は平衡になく自発的に変化し，$T_A = T_B$ のとき系は平衡に到達したことを意味している．孤立系なので $\varDelta U = 0$，つまり内部エネルギーが一定であるにもかかわらず状態が変化したのは，実はエントロピーが増大していたからである．そして，エントロピーが増大し，最大値に到達して系は平衡に至ったということである．

## 8.4 外界と接している系

我々が興味を持っている実験系は，通常孤立系ではなく，外界と接している系である．この場合，事情は少々複雑になる．注目している系と外界，つまり全宇宙を合わせて孤立系を構成しているため，注目している系のエントロピー変化を $dS$，外界のエントロピー変化を $dS_{\mathrm{ex}}$ と書くと，平衡の判定式は

$$dS + dS_{\mathrm{ex}} > 0 \quad \text{つまり} \quad dS > -dS_{\mathrm{ex}} : 自発変化 \tag{8.20}$$

$$dS + dS_{\mathrm{ex}} = 0 \quad \text{つまり} \quad dS = -dS_{\mathrm{ex}} : 平衡 \tag{8.21}$$

となる．つまり，注目している系が平衡にあるかないかを判定する際に，注目している系のエントロピー変化だけを検証しても系の状態はわからず，宇宙を含めた外界すべてのエントロピー変化を知らなければならない．これは不可能である．

しかしながら，ある特別な変化の経路に対しては，外界の性質を知らなくても，注目している系の性質だけから平衡の位置を知ることができる．これができるのは，変化が定温，定積過程であり，また定温，定圧過程のときである．

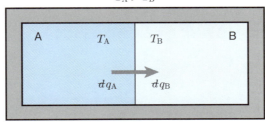

**図 8.2** 互いに接した熱い鉄と冷たい鉄．
熱い鉄 A が吸収した熱を $đq_{\mathrm{A}}$，冷たい鉄 B が吸収した熱を $đq_{\mathrm{B}}$ とする．

## 8.5 ヘルムホルツの自由エネルギー

温度，体積が一定の変化の過程を考える．また，系は $PV$ 仕事のみを行い，電気的な仕事はしないとする．このとき，体積一定の変化を考えているので，系は仕事をしないことになる．したがって，式 (3.12) と同様に

$$dU = đq_V \tag{8.22}$$

$dU$ は注目している系の持つ熱力学量なので，これを用いると平衡の判定式

$$dS > \frac{đq_V}{T} \quad \text{または} \quad dS = \frac{đq_V}{T} \tag{8.23}$$

は，外界の性質を含まず，注目している系の性質だけを用いて書き換えることができる．

$$dS > \frac{dU}{T} \quad \text{または} \quad dS = \frac{dU}{T} \tag{8.24}$$

さらに書き換えて

$$T\,dS - dU > 0 \quad \text{または} \quad T\,dS - dU = 0 \tag{8.25}$$

ここで，ヘルムホルツの自由エネルギー $A$ を

$$A = U - TS \tag{8.26}$$

で定義すると，定温過程を考えているので

$$dA = dU - T\,dS \tag{8.27}$$

したがって，定温，定積過程に対する平衡の判定式は

$$dA < 0 : 自発変化 \tag{8.28}$$

$$dA = 0 : 平衡 \tag{8.29}$$

と表される．定温，定積過程の場合，図 8.3 に示すように，系はヘルムホルツの自由エネルギーを減少させる方向に自発変化を生じ，最小値に至って平衡に到達する．このように定温定積過程ではヘルムホルツの自由エネルギーを用いて系の平衡位置を記述することができる．

## 8.6 ヘルムホルツの自由エネルギーと仕事

クラウジウスの不等式 (8.10) と熱力学第一法則 (3.5) から

$$T\,dS \geq đq = dU - đw \tag{8.30}$$

変形して $-đw \leq -(dU - T\,dS)$ となる.

ここで，体積について特に条件を付けないことにする．つまり，$dV \neq 0$ であって仕事をすることができる系を考える．系が仕事をしたとすると，$-đw$ は正の値なので $|-đw| \leq |-(dU - T\,dS)|$ となる．したがって

$$|đw| \leq |dU - T\,dS| \tag{8.31}$$

定温過程では $|đw| \leq |dA|$ となる．つまり，$|đw|$ は $|dA|$ よりも大きくなれない．言いかえると $|đw|$ の最大値 $|đw_{\max}|$ は

$$|đw_{\max}| = |dA| \tag{8.32}$$

であり，変化が可逆過程であるとき等号が成り立つ．これは，定温過程で取り出すことのできる**最大の仕事**が $dA$ であることを意味している．これまで，変化の過程については定温過程であること以外は何も条件を付けていなかったので，ここでいう仕事には $PV$ 仕事に加えてその他のすべての可能な仕事，たとえば電気化学的な仕事も含まれる．そして，このような仕事を取り出せる変化の経路が可逆過程であるということである．

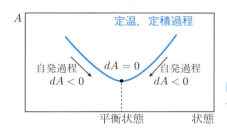

**図 8.3**
外界と接している系の平衡条件（定温，定積過程）

## 8.7 ギブズの自由エネルギー

温度，圧力が一定の変化の過程を考える．ここで，系は $PV$ 仕事のみを行い，電気的な仕事はしないとする．定圧過程に対しては，式 (5.7) から

$$dH = đq_P \tag{8.33}$$

したがって，定積過程の場合と同様に判定式は

$$T\,dS - dH > 0 \quad \text{または} \quad T\,dS - dH = 0 \tag{8.34}$$

と表される．ここで**ギブズの自由エネルギー** $G$ を

$$G = H - TS \tag{8.35}$$

で定義すると

$$dG = dH - T\,dS \tag{8.36}$$

なので，定温，定圧過程に対する平衡の判定式は

$$dG < 0 : \text{自発変化} \tag{8.37}$$
$$dG = 0 : \text{平衡} \tag{8.38}$$

と表される．定温，定圧過程の場合も，図 **8.4** に示すように系はギブズの自由エネルギーを減少させる方向に自発的に変化し，最小値に至って平衡に到達する．定温，定圧過程では，ギブズの自由エネルギーが平衡位置を決定する．

ここで，1点注意が必要である．自発変化においては $dG < 0$（定積過程の場合は $dA < 0$），つまり系は自由エネルギーが低くなる状態へと向かい，一見，エンタルピー（内部エネルギー）が低く，エントロピーの高い状態へと変化するというように読める．しかしながら，これは傾向の覚え方としては構わないが，原理ではない．$dS$ は注目している系のエントロピー変化であるが，$-\frac{dH}{T}$（もしくは $-\frac{dU}{T}$）はもともと外界のエントロピー変化であり，熱力学の原理としてはこれらのエントロピーの合計が最大に向かうと理解すべきである．定圧過程，定積過程の場合，たまたま外界のエントロピー変化が，注目している系のエンタルピー変化，内部エネルギー変化で計算されるというだけのことである．

## 8.8 ギブズの自由エネルギーと仕事

ヘルムホルツの自由エネルギーは，系から取り出すことのできる最大の仕事であることをすでに示した．それでは，ギブズの自由エネルギーは何を意味するのであろうか．ギブズの自由エネルギーの定義式 (8.35) とエンタルピーの定義式 (5.5) から

$$G = H - TS = U + PV - TS \tag{8.39}$$

定温，定圧過程を考え，微小量を取ると

$$\begin{aligned} dG &= đq + đw + P\,dV + V\,dP - T\,dS - S\,dT \\ &= đq + đw + P\,dV - T\,dS \end{aligned} \tag{8.40}$$

さらに可逆過程を考えると

$$\begin{aligned} dG &= T\,dS + đw_{\text{rev}} + P\,dV - T\,dS \\ &= đw_{\text{rev}} + P\,dV \end{aligned} \tag{8.41}$$

仕事 $đw_{\text{rev}}$ を膨張仕事 $-P\,dV$ とそれ以外の仕事，たとえば電気化学的な仕事 $đw_{\text{el}}$ に分けると

$$\begin{aligned} dG &= -P\,dV + đw_{\text{el}} + P\,dV \\ &= đw_{\text{el}} \end{aligned} \tag{8.42}$$

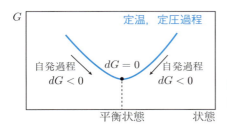

図 8.4 外界と接している系の平衡条件（定温，定圧過程）

となる.ここで添え字 el は**電気化学的**(electrochemical)を意味する.ここでも可逆過程を考えていたので,この仕事の最大仕事として

$$|đw_{\mathrm{el,max}}| = |dG| \tag{8.43}$$

が得られる.これは定温,定圧過程で取り出すことのできる $PV$ 仕事以外の最大の仕事,つまり**最大の非膨張仕事**が $dG$ であることを意味している.

## 8.9 標準反応ギブズ自由エネルギー

標準反応ギブズ自由エネルギー $\Delta_{\mathrm{react}}G^{\ominus}$ は

$$\Delta_{\mathrm{react}}G^{\ominus} = \Delta_{\mathrm{react}}H^{\ominus} - T\,\Delta_{\mathrm{react}}S^{\ominus} \tag{8.44}$$

で定義される.さらに,標準生成エンタルピーの場合と同じく,標準生成ギブズ自由エネルギー $\Delta_{\mathrm{f}}G^{\ominus}$ を,化合物を標準状態の元素から生成するための標準反応ギブズ自由エネルギーと定義する.このとき,たとえば化学反応

$$a\mathrm{A} + b\mathrm{B} + \cdots \rightarrow x\mathrm{X} + y\mathrm{Y} + \cdots$$

に対する標準反応ギブズ自由エネルギーは,化学種 A, B, $\cdots$, X, Y, $\cdots$ の標準生成ギブズ自由エネルギー $\Delta_{\mathrm{f}}G^{\ominus}(\mathrm{A}), \Delta_{\mathrm{f}}G^{\ominus}(\mathrm{B}), \cdots, \Delta_{\mathrm{f}}G^{\ominus}(\mathrm{X}), \Delta_{\mathrm{f}}G^{\ominus}(\mathrm{Y}), \cdots$ を用いて,式 (5.20) と同様に

$$\begin{aligned}\Delta_{\mathrm{react}}G^{\ominus} \\ = x\Delta_{\mathrm{f}}G^{\ominus}(\mathrm{X}) + y\Delta_{\mathrm{f}}G^{\ominus}(\mathrm{Y}) + \cdots - a\Delta_{\mathrm{f}}G^{\ominus}(\mathrm{A}) - b\Delta_{\mathrm{f}}G^{\ominus}(\mathrm{B}) - \cdots\end{aligned} \tag{8.45}$$

から計算される.この式も,ギブズの自由エネルギーが状態関数であることからの直接の結果である.

## 演習問題

**8.1** 表 8.1 の数値を用いて，エタノールに関する次の問いに答えなさい．
(1) エタノールに関する次の 2 つの反応の 298.15 K における標準反応ギブズ自由エネルギー $\Delta_{\text{react}} G^\ominus$ を求めなさい．

$$\text{CH}_3\text{COOH}(\ell) + \text{C}_2\text{H}_5\text{OH}(\ell) \rightarrow \text{CH}_3\text{COOC}_2\text{H}_5(\ell) + \text{H}_2\text{O}(\ell)$$
$$\text{C}_2\text{H}_5\text{OH}(\ell) + 3\text{O}_2(\text{g}) \rightarrow 2\text{CO}_2(\text{g}) + 3\text{H}_2\text{O}(\ell)$$

(2) 例題 5.1 ならびに演習問題 5.1 の標準反応エンタルピー $\Delta_{\text{react}} H^\ominus$，演習問題 7.2 の標準反応エントロピー $\Delta_{\text{react}} S^\ominus$ の結果も合わせて，表 8.1 から求めた (1) の値が実際に

$$\Delta_{\text{react}} G^\ominus = \Delta_{\text{react}} H^\ominus - T \Delta_{\text{react}} S^\ominus$$

を満たしていることを確かめなさい．

**8.2** 第 1 章で述べたように，硝酸ナトリウムが水に溶解するときは吸熱，つまり $\Delta H > 0$ であり，エネルギー（エンタルピー）の高い状態へと系は自発的に変化する．高いエネルギー状態へと変化するこの一見奇妙に見える現象がなぜ起こり得るのか，400 字程度で簡潔に論じなさい．特に，初状態である溶けていない状態と，終状態である溶けた状態とを演習問題 7.4 の議論に具体的に当てはめながら説明しなさい．

表 8.1 エタノールに関する反応の反応物，生成物の 298.15 K における標準生成ギブズ自由エネルギー

|  | $\Delta_{\text{f}} G^\ominus$/kJ mol$^{-1}$ |
|---|---|
| $\text{CH}_3\text{COOH}(\ell)$ | −388.0 |
| $\text{C}_2\text{H}_5\text{OH}(\ell)$ | −174.4 |
| $\text{CH}_3\text{COOC}_2\text{H}_5(\ell)$ | −333.3 |
| $\text{H}_2\text{O}(\ell)$ | −237.1 |
| $\text{O}_2(\text{g})$ | 0 |
| $\text{CO}_2(\text{g})$ | −394.4 |

## 第 9 章

# エネルギー，自由エネルギーの温度，体積，圧力依存性

　これまでに内部エネルギー，エンタルピー，ヘルムホルツの自由エネルギー，そしてギブズの自由エネルギーについて学んできた．これらのエネルギーは温度，圧力，体積など系の状態に依存し，異なる状態では異なる値を持つ．依存性を表す量は，各エネルギーの温度，圧力，体積による偏微分係数である．しかしながら，これらの偏微分は直接の測定が困難である場合が多い．そのため，求めやすい実験量からこれらの偏微分を計算するための変換式を導出する．その際，活躍するのがマクスウェルの関係式である．

## 9.1 マクスウェルの関係式

熱力学第一法則 (3.5) から出発する．

$$dU = đq + đw \tag{9.1}$$

計算を容易にするために可逆過程を考える．まず熱力学第二法則に関わるエントロピーの定義式 (7.10) から

$$đq_{\text{rev}} = T\,dS \tag{9.2}$$

また電気化学的な仕事がなく，系は $PV$ 仕事だけをするとき，式 (4.3) から

$$đw_{\text{rev}} = -P_{\text{ex}}\,dV = -P\,dV \tag{9.3}$$

これらを合わせると

$$dU = T\,dS - P\,dV \tag{9.4}$$

が得られる．これは注目している系の状態関数だけで構成された関係式であり，可逆過程でも不可逆過程でも厳密に成り立つ便利な式である．

以前，式 (4.6) においては $U$ を $T$ と $V$ の関数と考えたが，$S$ と $V$ の関数 $U = U(S, V)$ と考えてもかまわないので，この2つの変数に関する $U$ の全微分を取ると

$$dU = \left(\frac{\partial U}{\partial S}\right)_V dS + \left(\frac{\partial U}{\partial V}\right)_S dV \tag{9.5}$$

式 (9.4) と (9.5) を比較すると

$$\left(\frac{\partial U}{\partial S}\right)_V = T \tag{9.6}$$

$$\left(\frac{\partial U}{\partial V}\right)_S = -P \tag{9.7}$$

一方，二階の偏微分は微分の順序によらないので

$$\left(\frac{\partial}{\partial V}\left(\frac{\partial U}{\partial S}\right)_V\right)_S = \left(\frac{\partial}{\partial S}\left(\frac{\partial U}{\partial V}\right)_S\right)_V \tag{9.8}$$

## 9.1 マクスウェルの関係式

したがって

$$\left(\frac{\partial T}{\partial V}\right)_S = -\left(\frac{\partial P}{\partial S}\right)_V \tag{9.9}$$

$H, A, G$ に対しても同様にして

$$\left(\frac{\partial T}{\partial P}\right)_S = \left(\frac{\partial V}{\partial S}\right)_P \tag{9.10}$$

$$\left(\frac{\partial P}{\partial T}\right)_V = \left(\frac{\partial S}{\partial V}\right)_T \tag{9.11}$$

$$\left(\frac{\partial V}{\partial T}\right)_P = -\left(\frac{\partial S}{\partial P}\right)_T \tag{9.12}$$

が得られる．これら4つの式を**マクスウェルの関係式**という．これらは取扱いの困難なエントロピーの関係した微分係数などを取扱いの容易なものに変換する便利な式である．

## 9.2 内部エネルギーの温度,体積依存性

第4章ですでに学んだように,内部エネルギーに対しては式 (4.8), (4.11) のように定積熱容量 $C_V$,内圧 $\pi_T$ を導入し

$$\left(\frac{\partial U}{\partial T}\right)_V = C_V \quad \cdots (4.8) \qquad \left(\frac{\partial U}{\partial V}\right)_T = \pi_T \quad \cdots (4.11)$$

とおいた.このうち,定積熱容量は熱測定から容易に求めることができる.一方で,内圧は測定が容易ではなく,精度の低いジュールの実験では 0 であった.しかしながら,実際には値を持つ.そこで,これを測定が容易な別の熱力学量で表す.

式 (9.4) を温度一定の条件下で $dV$ の微分として表すと

$$\begin{aligned}\left(\frac{\partial U}{\partial V}\right)_T &= T\left(\frac{\partial S}{\partial V}\right)_T - P\left(\frac{\partial V}{\partial V}\right)_T \\ &= T\left(\frac{\partial S}{\partial V}\right)_T - P \end{aligned} \tag{9.13}$$

これにマクスウェルの関係式 (9.11) を適用すると

$$\left(\frac{\partial U}{\partial V}\right)_T = T\left(\frac{\partial P}{\partial T}\right)_V - P \tag{9.14}$$

となる.右辺は測定の容易な量だけからなり,この式から内圧を計算することができる.この式のことを**熱力学的状態方程式**と呼ぶ.

理想気体に対しては

$$\left(\frac{\partial U}{\partial V}\right)_T = T\left(\frac{\partial \frac{RT}{V}}{\partial T}\right) - P = \frac{RT}{V} - P = P - P = 0 \tag{9.15}$$

ここでは,理想気体では $\pi_T = 0$ であることを,統計力学的結果である $U = \frac{3}{2}RT$ やジュールの実験によらず,純粋に熱力学的に導出した.この式は,カルノーサイクルの解析など,すでにいろいろな場所で用いてきている.

## 9.3 ギブズの自由エネルギーの圧力，温度依存性

ギブズの自由エネルギーの定義式 (8.35) とエンタルピーの定義式 (5.5) から

$$G = H - TS = U + PV - TS \tag{9.16}$$

微小量として

$$dG = dU + P\,dV + V\,dP - T\,dS - S\,dT \tag{9.17}$$

さらに式 (9.4)，つまり $dU = T\,dS - P\,dV$ より

$$\begin{aligned} dG &= T\,dS - P\,dV + P\,dV + V\,dP - T\,dS - S\,dT \\ &= V\,dP - S\,dT \end{aligned} \tag{9.18}$$

一方で $G = G(P, T)$ と考えると

$$dG = \left(\frac{\partial G}{\partial P}\right)_T dP + \left(\frac{\partial G}{\partial T}\right)_P dT \tag{9.19}$$

したがって

$$\left(\frac{\partial G}{\partial P}\right)_T = V \tag{9.20}$$

$$\left(\frac{\partial G}{\partial T}\right)_P = -S \tag{9.21}$$

つまり，温度一定条件下で横軸に圧力を縦軸にギブズの自由エネルギーをプロットしたときの傾きは体積に，また，圧力一定条件下で横軸に温度，縦軸にギブズの自由エネルギーをプロットすると，$-S$ が傾きとなる．

### 9.3.1 圧力依存性

まず，温度一定の条件の下で圧力依存性について考察する．気体，液体，固体の体積をそれぞれ $V_g$, $V_\ell$, $V_s$ とすると，ほとんどの物質で $V(g) \gg V(\ell) > V(s)$ なので，式 (9.20) から気体のギブズの自由エネルギーは圧力に大きく依存するが，液体や固体では依存性は小さい．より定量的には，温度一定条件下では状態 A から B への変化に対し，式 (9.18) もしくは (9.20) から

$$dG = V\,dP \tag{9.22}$$

これを $P_0$ から $P$ まで積分して

$$G(P) = G(P_0) + \int_{P_0}^{P} V\,dP \tag{9.23}$$

液体，固体の体積は圧力に大きくは依存せず，近似的にほぼ一定であると考えてよいので

$$G(P) \approx G(P_0) + V(P - P_0) \tag{9.24}$$

が得られる．一方，気体に対しては体積の圧力依存性を考慮しなければならず，たとえば理想気体に対しては

$$G(P) = G(P_0) + \int_{P_0}^{P} \frac{RT}{P}\,dP = G(P_0) + RT\ln\frac{P}{P_0} \tag{9.25}$$

となる．ここで，よく用いる便利な式を書いておこう．式 (9.25) において，初状態 0 を標準状態に取ると

$$G(P) = G^{\ominus} + RT\ln\frac{P}{P^{\ominus}} \tag{9.26}$$

$P^{\ominus} = 1$ [atm] なので，これは，ある温度 $T$ における理想気体のギブズの自由エネルギーは，標準自由エネルギー $G^{\ominus}$ と atm 単位で表した圧力を用いて式 (9.26) のように表される，ということを示している．

実在気体のギブズの自由エネルギーに対しても，式 (9.26) のような形で表すことができれば便利である．そのため，**フガシティー** $f$ および**フガシティー係数** $\phi$ を

$$f = \phi P \tag{9.27}$$

## 9.3 ギブズの自由エネルギーの圧力, 温度依存性

のように導入し，この $f$ を用いれば実在気体のギブズの自由エネルギーが正しく

$$G(P) = G^{\ominus} + RT \ln \frac{f}{P^{\ominus}} \tag{9.28}$$

とおけるものとする．つまり，実在気体の複雑さをすべて $f$ に押し込める．このとき，式 (9.27), (9.28) から

$$G(P) = G^{\ominus} + RT \ln \frac{P}{P^{\ominus}} + RT \ln \phi \tag{9.29}$$

と書ける．右辺第一項と第二項は式 (9.26) に表される理想気体の自由エネルギーであり，結局，気体の非理想性は第三項のフガシティー係数 $\phi$ に代表されていることになる．

式 (9.28) のように実在気体の自由エネルギーが表されるとしたとき，標準状態は式 (9.26) と同じく 1 atm の理想気体である．実在気体の標準状態を 1 atm の理想気体に取るというのも複雑な話であるが，熱力学においては習慣としてこのような取り方をする．

このフガシティー係数 $\phi$ を求めておこう．式 (9.23) に戻って，実在気体，理想気体のそれぞれに対して

$$\int_{P_0}^{P} V_{\text{real}} \, dP = G_{\text{real}}(P) - G_{\text{real}}(P_0) = RT \ln \frac{f}{f_0} \tag{9.30}$$

$$\int_{P_0}^{P} V_{\text{ideal}} \, dP = G_{\text{ideal}}(P) - G_{\text{ideal}}(P_0) = RT \ln \frac{P}{P_0} \tag{9.31}$$

これらから

$$\int_{P_0}^{P} (V_{\text{real}} - V_{\text{ideal}}) \, dP = RT \left( \ln \frac{f}{f_0} - \ln \frac{P}{P_0} \right) = RT \ln \left( \frac{f}{P} \frac{P_0}{f_0} \right) \tag{9.32}$$

$P_0 \to 0$ の極限では実在気体は理想気体としてふるまい，$f_0 \to P_0$ なので

$$\int_{0}^{P} (V_{\text{real}} - V_{\text{ideal}}) \, dP = RT \ln \frac{f}{P} = RT \ln \phi \tag{9.33}$$

となる．これから，ただちに

$$\ln \phi = \int_0^P \left( \frac{V_{\text{real}}}{RT} - \frac{V_{\text{ideal}}}{RT} \right) dP = \int_0^P \frac{z-1}{P} dP \quad (9.34)$$

が得られる．この式から，ある温度 $T$ における気体の圧縮率因子 $z = \frac{PV}{RT}$ が圧力の関数として与えられれば，フガシティー係数を計算することができる．つまり，状態方程式がわかっていれば自由エネルギーを求めることができるのである．

これらの結果を用いて気体，液体，固体のギブズの自由エネルギーを圧力の関数としてプロットすると，概ね図 9.1 のようになる．傾きとなる体積は常に正の値を持つので，圧力の増大とともに自由エネルギーも大きくなる．また，液体，固体の圧力依存性は小さく，さらにほぼ直線的であるが，気体の圧力依存性は大きく，また直線的でもない．

### 9.3.2 温度依存性

次に，圧力一定の下での温度依存性について考えよう．すでに述べたように，式 (9.21) から，ギブズの自由エネルギーを温度の関数としてプロットすると傾きは $-S$ となる．一方，式 (7.22) および図 7.3 から純物質のエントロピーは $S(\text{g}) > S(\ell) > S(\text{s})$ で，かつ常に正の値を持つ．したがって，図 9.2 に模式的に示すように，ギブズの自由エネルギーは温度の上昇とともに必ず減少し，変化の大きさは気体が最も大きく，次いで液体，固体の順となる．

温度依存性をより定量的に記述してみよう．圧力一定の条件下では，式 (9.18) もしくは (9.21) から

$$dG = -S\,dT \quad (9.35)$$

しかしながら，エントロピーは直接測定が困難であり取り扱いにくい熱力学量なので，もっと取り扱いやすいエンタルピーや定圧熱容量を用いて表せないか考えよう．再びギブズの自由エネルギーの定義式 (8.35) に戻り，式 (9.21) と合わせて

$$G = H - TS = H + T\left(\frac{\partial G}{\partial T}\right)_P \quad (9.36)$$

## 9.3 ギブズの自由エネルギーの圧力，温度依存性

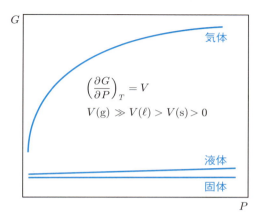

**図 9.1** ギブズの自由エネルギーの圧力依存性．
気体に対しては，式 (9.26) で表される理想気体を，液体，固体に対しては式 (9.24) の体積がほぼ一定という近似の下でプロットしている．

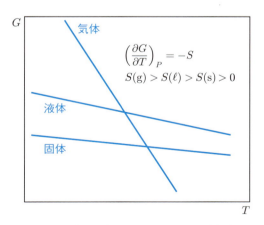

**図 9.2** ギブズの自由エネルギーの温度依存性

$T^2$ で割って

$$\frac{G}{T^2} = \frac{H}{T^2} + \frac{1}{T}\left(\frac{\partial G}{\partial T}\right)_P \tag{9.37}$$

変形して

$$-\frac{G}{T^2} + \frac{1}{T}\left(\frac{\partial G}{\partial T}\right)_P = -\frac{H}{T^2} \tag{9.38}$$

これからただちに

$$\left(\frac{\partial \frac{G}{T}}{\partial T}\right)_P = -\frac{H}{T^2} \tag{9.39}$$

が得られる．この式をギブズ–ヘルムホルツの式と呼び，$G$ の代わりに $\frac{G}{T}$ の温度依存性をエンタルピーで表したものとなっている．この式をさらに変形すると

$$\left(\frac{\partial \frac{G}{T}}{\partial \frac{1}{T}}\right)_P = H \tag{9.40}$$

も得られる（演習問題 9.4）．

ここまでは純物質の自由エネルギー $G$ の温度依存性を考えてきたが，化学反応や相転移に伴う自由エネルギー変化 $\Delta G$ の温度依存性を考えてみよう．圧力一定条件下での化学反応や相転移に際して，ギブズ–ヘルムホルツの式 (9.39) は，たとえば前者でいうと反応物と生成物のそれぞれの自由エネルギーの温度依存性に対して成り立つので

$$\left(\frac{\partial \left(\frac{\Delta_{\text{react}} G}{T}\right)}{\partial T}\right)_P = -\frac{\Delta_{\text{react}} H}{T^2} \tag{9.41}$$

のように表すことができる．この式に従って，標準温度と異なる温度における反応自由エネルギーを $\Delta_{\text{react}} H$ もしくは $\Delta_{\text{react}} C_P$ から計算することができる．

異なる温度での自由エネルギー変化の計算 (9.41) は，反応自由エネルギーに限らず，相転移など様々な化学的，物理的変化に対して適用することができる．

## 演習問題

**9.1** (1) $dH = T\,dS + V\,dP$ であることを示しなさい．
(2) (1) の結果から2番目のマクスウェルの関係式 (9.10) を導きなさい．

**9.2** (1) 演習問題 9.1 と同様にして，$A$ と $G$ に対しては

$$dA = -P\,dV - S\,dT, \quad dG = V\,dP - S\,dT$$

であることを導き，これらから3番目と4番目のマクスウェルの関係式 (9.11) と (9.12) を導出しなさい．

(2) 演習問題 9.1 (1) と 9.2 (1) の結果から，熱力学的状態方程式と同等な式

$$\left(\frac{\partial H}{\partial P}\right)_T = -T\left(\frac{\partial V}{\partial T}\right)_P + V$$

を導きなさい．

(3) 理想気体に対しては，

$$\left(\frac{\partial H}{\partial P}\right)_T = 0$$

となることを示しなさい．

**9.3** 熱力学的状態方程式 (9.14) から出発し，式 (4.22) を導出しなさい．

**9.4** 式 (9.39) から出発し，式 (9.40) を導出しなさい．

**9.5** ある実在気体の温度 $T$ における圧縮率因子 $Z$ が，ビリアル方程式

$$Z = \frac{PV_\mathrm{m}}{RT} = 1 + BP + CP^2$$

で表されたとする．このとき，この気体に対する $\ln \phi$ ならびにギブズの自由エネルギー $G$ を，圧力 $P$ の関数として求めなさい．

# 第10章

# 物質量が変化する系の平衡状態

　ここまでは，系を構成する物質量は一定であることを前提として，その上で系の安定性を記述する熱力学量について議論してきた．たとえば，$G$ は $P$ と $T$ だけの関数であるとした．しかしながら，化学反応や溶解，解離など多くの化学過程においては，状態の変化に伴って物質量が変化する．化学ポテンシャルは，このような物質量が変化する系の安定性，平衡状態を記述する熱力学量である．

## 10.1 物質量が変化する化学過程

物質量が変化する系の安定性の記述に入る前に，物質量が変化する化学過程の例を3つ挙げておく．物質量が変化できる系のことを**開放系**と呼び，物質量が変化しない系のことを**閉鎖系**と呼んで区別する．

### 10.1.1 化学反応平衡

最初の例は**化学反応**である．簡単のために，単純な化学反応

$$A \to B$$

について考察しておこう．図 **10.1** に示すように，温度，圧力が制御され一定に保たれた容器の中でこの反応が起こるとする．このとき，系の状態を記述する物理量として，$P, T$ に加えて物質 A と B の物質量 $n_A, n_B$ も必要となる．もちろん，全モル数 $n = n_A + n_B$ は一定であるとする．問題は，ある $P$ と $T$ の下で，系が最も安定となる $n_A$ と $n_B$，つまり，化学反応平衡における $n_A$ と $n_B$ はどのように表されるかということである．

### 10.1.2 溶解平衡

二番目の例は，物質の**溶解**である．図 **10.2** のように，温度，圧力が一定に制御された系で，たとえば油層と水層に分離している二相共存系を考える．相1は油（A）が主成分であり，これに少量の水（B）が溶解している．相2は水が主成分であり，これに少量の油が溶解している．このとき，相1にある成分 A，B の物質量を $n_A^{(1)}, n_B^{(1)}$，また，相2にある成分 A，B の物質量を $n_A^{(2)}, n_B^{(2)}$ のように表すと，

$$n_A = n_A^{(1)} + n_A^{(2)} : \text{一定}, \quad n_B = n_B^{(1)} + n_B^{(2)} : \text{一定}$$

の条件の下で，系が最も安定となる $n_A^{(1)}$ と $n_B^{(1)}$，$n_A^{(2)}$ と $n_B^{(2)}$，つまり溶解平衡における各相の物質量を決める条件は何であろうか．

## 10.1 物質量が変化する化学過程

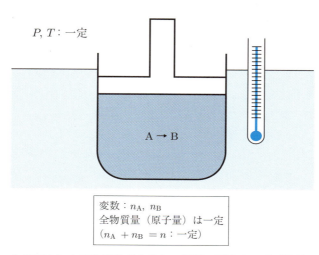

**図 10.1** 化学反応により物質量が変化し，平衡に到達する系（化学反応平衡）．

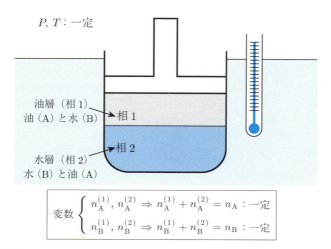

**図 10.2** 物質が 2 つの相の間を移動して濃度が変化し，平衡に到達する系（溶解平衡）．

### 10.1.3 気液平衡

三番目の例は気液平衡である．これまでの 2 つの例は混合物系に対するものであったが，ここでは系は純物質，たとえば第 2 章で議論した二酸化炭素であるとする．ここでも図 2.4 に示すような装置を用いて，系の温度を一定に保ちながらピストンで圧力を制御する．ピストンを押して気体の圧力を上げていくと，図 2.5, 2.6 に示したようにある圧力（体積）で液相が生じ，気相と液相が共存した**気液平衡状態**を作ることができる（状態 B～D）．

ある体積で系が気液平衡にあるとする（たとえば状態 C）．このとき気相における物質の密度と液相における密度は異なり，また分子は気相と液相の間を行き来しているが，それぞれの密度は一定に保たれている．ここで，ピストンを少し押して，体積を小さくする．このとき気相にあった分子が液相へと移動し，液相と気相の密度は圧縮によって変化することなく液相の体積が増大し，気相の体積が減少する．そして，元の圧力のままで，再び気液平衡状態が実現される．この気液平衡状態はどのような条件が満足されているときに実現されているのであろうか．

## 10.2 化学ポテンシャル

閉鎖系においては，系のギブズの自由エネルギーは単に圧力と温度の関数として $G = G(P, T)$ と表されるが，開放系においては物質量が変化するので

$$G = G\bigl(P, T, n_A^{(1)}, n_B^{(1)}, \cdots, n_A^{(2)}, n_B^{(2)}, \cdots\bigr) \tag{10.1}$$

と表さなければならない．ここで，$n_j^{(i)}$ は，$i$ 番目の相にある $j$ 番目の成分のモル数である．全微分を取ると

$$\begin{aligned}
dG &= \left(\tfrac{\partial G}{\partial P}\right)_{T, n_A^{(1)}, \cdots} dP + \left(\tfrac{\partial G}{\partial T}\right)_{P, n_A^{(1)}, \cdots} dT \\
&\quad + \left(\tfrac{\partial G}{\partial n_A^{(1)}}\right)_{P, T, n_B^{(1)}, \cdots} dn_A^{(1)} + \left(\tfrac{\partial G}{\partial n_B^{(1)}}\right)_{P, T, n_A^{(1)}, \cdots} dn_B^{(1)} + \cdots \\
&\quad + \left(\tfrac{\partial G}{\partial n_A^{(2)}}\right)_{P, T, n_A^{(1)}, \cdots} dn_A^{(2)} + \left(\tfrac{\partial G}{\partial n_B^{(2)}}\right)_{P, T, n_A^{(1)}, \cdots} dn_B^{(2)} + \cdots \\
&\quad + \cdots
\end{aligned} \tag{10.2}$$

となる．ここで $i$ 番目の相にある $j$ 番目の物質に関する偏微分係数に記号 $\mu_j^{(i)}$ を導入し，これを**化学ポテンシャル**と呼ぶ．

$$\mu_j^{(i)} = \left(\frac{\partial G}{\partial n_j^{(i)}}\right)_{P,T,\{n_l^{(k)}\ (k\neq i,\ l\neq j)\}} \tag{10.3}$$

この記号を用いると，$G$ の全微分は式 (9.18) も同時に用いて

$$dG = V\,dP - S\,dT + \sum_j \sum_i \mu_j^{(i)}\,dn_j^{(i)} \tag{10.4}$$

と書ける．和は，すべての成分とすべての相にわたって取る．相が1つしかないとき，あるいは別の習慣として $i$ も $j$ の中に含めて添え字の番号をふるとき

$$\mu_j = \left(\frac{\partial G}{\partial n_j}\right)_{P,T,\{n_l\neq j\}} \tag{10.5}$$

のように書くことがある．

## 10.3 開放系の平衡条件

温度，圧力が一定のとき，系が複数の相と複数の物質からなっていても，系の平衡条件は式 (8.38) に従って

$$dG = 0 \tag{10.6}$$

である．簡単のために二相からなる系を考える．$dP = 0$, $dT = 0$ なので，式 (10.4) は

$$dG = \sum_j \mu_j^{(1)}\,dn_j^{(1)} + \sum_j \mu_j^{(2)}\,dn_j^{(2)} = 0 \tag{10.7}$$

また，それぞれの物質の全物質量

$$n_j^{(1)} + n_j^{(2)} = n_j \tag{10.8}$$

は一定なので

$$dn_j^{(1)} + dn_j^{(2)} = 0 \tag{10.9}$$

つまり

$$dn_j^{(2)} = -dn_j^{(1)} \tag{10.10}$$

したがって，これを式 (10.7) に代入すると，全自由エネルギー変化は

$$\begin{aligned} dG &= \sum_j \left(\mu_j^{(1)} - \mu_j^{(2)}\right) dn_j^{(1)} \\ &= \left(\mu_A^{(1)} - \mu_A^{(2)}\right) dn_A^{(1)} + \left(\mu_B^{(1)} - \mu_B^{(2)}\right) dn_B^{(1)} + \cdots \\ &= 0 \end{aligned} \tag{10.11}$$

各成分の物質量の変化 $dn_j^{(1)}$ は独立なので，すべての $j$（$j =$ A, B, C, $\cdots$）に対して

$$\mu_j^{(1)} = \mu_j^{(2)} \tag{10.12}$$

が成り立っていなければならない．これが開放系の平衡条件である．多相系の場合には，平衡条件は相の数に応じて

$$\mu_j^{(1)} = \mu_j^{(2)} = \mu_j^{(3)} = \cdots \tag{10.13}$$

となる．この式の意味するところは，<u>それぞれの物質の化学ポテンシャルがすべての相にわたって等しいとき，系は平衡状態にある</u>ということである．

10.1.3 項のように，成分が 1 種類だけの場合，つまり純物質の気液平衡や固液平衡のような場合に対しては**モル自由エネルギー**が等しいことが相平衡の条件である．

$$G_m^{(1)} = G_m^{(2)} \tag{10.14}$$

ここで，$G_m^{(1)}$，$G_m^{(2)}$ はそれぞれ相 1，相 2 における純物質のモル自由エネルギーである．純物質の化学ポテンシャルはモル自由エネルギーと等しいので，純物質の場合にも平衡条件として化学ポテンシャルが等しいというように表現することもできる．

$$\mu^{(1)} = \mu^{(2)} \tag{10.15}$$

たとえば二酸化炭素がある条件で気液平衡にあるとき，気相における二酸化炭素の化学ポテンシャルと液相における化学ポテンシャルは等しいということである．これ以降，純物質の場合，表現としてこれらを区別することなく用いる．

## 10.4 部分モル量

混合物系で成分の物質量が変化すると，自由エネルギーに限らず示量変数はすべて変化する．つまり，$V, U, H, S$ などの全微分は成分の物質量の微小変化に依存する．たとえば，一相，2 成分系の体積の全微分は

$$dV = \left(\frac{\partial V}{\partial n_\mathrm{A}}\right)_{P,T,n_\mathrm{B}} dn_\mathrm{A} + \left(\frac{\partial V}{\partial n_\mathrm{B}}\right)_{P,T,n_\mathrm{A}} dn_\mathrm{B} \quad (10.16)$$

と書ける．ここでは，温度，圧力は一定で，成分の量だけを変化させることを考えた．偏微分係数に $V_\mathrm{A}, V_\mathrm{B}$ の記号を与え

$$V_\mathrm{A} = \left(\frac{\partial V}{\partial n_\mathrm{A}}\right)_{P,T,n_\mathrm{B}}, \quad V_\mathrm{B} = \left(\frac{\partial V}{\partial n_\mathrm{B}}\right)_{P,T,n_\mathrm{A}} \quad (10.17)$$

と書いて**部分モル体積**と呼ぶ．部分モル体積を用いると次のように表される．

$$dV = V_\mathrm{A}\, dn_\mathrm{A} + V_\mathrm{B}\, dn_\mathrm{B} \quad (10.18)$$

一方，$V$ は示量変数なので，全体の物質量を $h$ 倍にすると $V$ も $h$ 倍になり

$$V(hn_\mathrm{A}, hn_\mathrm{B}) = hV(n_\mathrm{A}, n_\mathrm{B}) \quad (10.19)$$

と書くことができる．このような関係式を一次の**同次式**という．一次の同次式に対しては**オイラーの定理**

$$V = \left(\frac{\partial V}{\partial n_\mathrm{A}}\right)_{P,T,n_\mathrm{B}} n_\mathrm{A} + \left(\frac{\partial V}{\partial n_\mathrm{B}}\right)_{P,T,n_\mathrm{A}} n_\mathrm{B} \quad (10.20)$$

が成り立つが，部分モル体積を用いて書くと

$$V = V_\mathrm{A} n_\mathrm{A} + V_\mathrm{B} n_\mathrm{B} \quad (10.21)$$

となる．この全微分を取ると $dV = V_\mathrm{A}\, dn_\mathrm{A} + n_\mathrm{A}\, dV_\mathrm{A} + V_\mathrm{B}\, dn_\mathrm{B} + n_\mathrm{B}\, dV_\mathrm{B}$．したがって，式 (10.18) と合わせて

$$n_\mathrm{A}\, dV_\mathrm{A} + n_\mathrm{B}\, dV_\mathrm{B} = 0 \quad (10.22)$$

となる．この式は，混合物の 1 つの成分の部分モル量は，他の成分の部分モル

量と独立には変化できないことを示しており，**ギブズ–デュエムの式**と呼ばれる．2 成分系では 1 つの部分モル量が増加すると，他方は必ず減少する．

部分モル体積は**部分モル量**と呼ばれる熱力学量の 1 つである．示量変数であれば部分モル量を定義することができ，部分モル量には

$$\text{部分モルエンタルピー}: H_j = \left(\frac{\partial H}{\partial n_j}\right)_{P,T,\{n_l\ (l\neq j)\}} \tag{10.23}$$

$$\text{部分モルエントロピー}: S_j = \left(\frac{\partial S}{\partial n_j}\right)_{P,T,\{n_l\ (l\neq j)\}} \tag{10.24}$$

などがある．ここで議論したことは部分モル体積以外の他の部分モル量にもそのまま当てはめることができる．

## 10.5 ギブズの相律

系が平衡にあるとき，何個の示強変数を任意に動かすことができるかについて考察する．示強変数を変化させる自由度の数のことを**可変度**といい，$F$ で表す．たとえば，窒素が単一の気相を構成しているとき，温度と圧力は自由に変えることができる．そして，この 2 つの量が指定されると状態は自動的に決まる．このとき可変度は $F=2$ である．この可変度は，系を構成する成分の数と相の数によって決まる．

$C$ 個の成分，$P$ 個の相よりなる系の可変度について考察する．相 $i$ における成分 $j$ の組成を $x_j^{(i)}$ とすると，系の状態を完全に記述する示強変数は次のようになり

$$
\begin{array}{lll}
 & T, P & : 2\ \text{個の示強変数} \\
\text{相 1} & x_A^{(1)}, x_B^{(1)}, \cdots, x_X^{(1)} & \\
\text{相 2} & x_A^{(2)}, x_B^{(2)}, \cdots, x_X^{(2)} & \left.\begin{array}{l}\\ \\ \\ \end{array}\right\} P\ \text{個} : CP\ \text{個の示強変数} \\
\vdots & \cdots\cdots & \\
\text{相 } P & x_A^{(P)}, x_B^{(P)}, \cdots, x_X^{(P)} & \\
& \underbrace{\hspace{3cm}}_{C\ \text{個}} &
\end{array}
$$

## 10.5 ギブズの相律

合わせて $CP+2$ 個ある．しかしながら，これらは互いに独立ではない．その関係式の数を数え上げよう．まず，$P$ 個あるそれぞれの相における $C$ 個の組成を足すと 1 にならなければならない．

$$
\left.
\begin{array}{ll}
\text{相 1} & x_A^{(1)} + x_B^{(1)} + \cdots + x_X^{(1)} = 1 \\
\text{相 2} & x_A^{(2)} + x_B^{(2)} + \cdots + x_X^{(2)} = 1 \\
\vdots & \quad\quad\quad \cdots\cdots \\
\text{相 } P & x_A^{(P)} + x_B^{(P)} + \cdots + x_X^{(P)} = 1
\end{array}
\right\} P \text{個} \quad : \quad P \text{ 個の関係式}
$$

また，各相が互いに平衡にあるので

$$
\left.
\begin{array}{ll}
\text{成分 A} & \mu_A^{(1)} = \mu_A^{(2)} = \cdots = \mu_A^{(P)} \\
\text{成分 B} & \mu_B^{(1)} = \mu_B^{(2)} = \cdots = \mu_B^{(P)} \\
\vdots & \quad\quad\quad \cdots\cdots \\
\text{成分 X} & \underbrace{\mu_X^{(1)} = \mu_X^{(2)} = \cdots = \mu_X^{(P)}}_{P-1 \text{ 個の関係式}}
\end{array}
\right\} C \text{個} \quad : \quad C(P-1) \text{ 個の関係式}
$$

これらを数え上げると，合わせて $P + C(P-1) = CP + P - C$ 個の関係式がある．したがって，可変度は

$$F = CP + 2 - (CP + P - C) = C - P + 2 \quad (10.25)$$

となる．式 (10.25) を，**ギブズの相律**という．

例に挙げた単一相を形成する窒素ガスの場合，$C=1$，$P=1$ なので，可変度は

$$F = 1 - 1 + 2 = 2 \quad (10.26)$$

であり，確かに温度と圧力の 2 個の示強変数を自由に変えることができる．一方，図 **2.5** の BD 間の状態，つまり気液平衡にある系については，$C=1$，$P=2$ なので，可変度は

$$F = 1 - 2 + 2 = 1 \quad (10.27)$$

確かに二相共存状態では圧力は変化せず，温度しか変えることができない．

# 演習問題

**10.1** 化学反応平衡，溶解平衡，解離平衡以外に，物質量が変化する化学過程の平衡を 10 種類挙げなさい．

**10.2** $F(x_1, x_2)$ が一次の同次式であるということは，$F(x_1, x_2)$ が

$$F(hx_1, hx_2) = hF(x_1, x_2)$$

を満たすことである．この関数に対してオイラーの定理

$$F(x_1, x_2) = \left(\frac{\partial F}{\partial x_1}\right)_{x_2} x_1 + \left(\frac{\partial F}{\partial x_2}\right)_{x_1} x_2$$

が成り立つことを証明しなさい．

**10.3** 成分 A と B からなる溶液の体積 $V$ が，成分 A のモル分率 $x_A$ を用いて

$$V = x_A(1-x_A) \sum_{k=1}^{n} C_k (1-x_A)^{\frac{k-1}{2}}$$

で表されたとする．$C_k$ は $\mathrm{cm^3\ mol^{-1}}$ の単位を持つ係数である．このとき，成分 A と成分 B の部分モル体積 $V_A$, $V_B$ を求めなさい．

# 第11章

# 純物質の相転移

　物質は一定圧力の下で低い温度から温度を上げていくと，固体，液体，気体へと姿を変える．また，一定温度の下で低い圧力から圧力を上げていくと，気体，液体，固体へと相を変える．これらの相のふるまいは，すべてこれまでに学習した熱力学的な原理に従ったものである．また，2つの相は，ある条件下で互いに共存する．3つの相が同時に共存することもできる．その共存条件も，熱力学に従っている．

## 11.1 相図

物質は，温度や圧力など，置かれた条件によって固体，液体，気体といった異なる相を取る．いわゆる物質の三態である．横軸に温度 $P$，縦軸に圧力 $T$ を取り，この $PT$ 平面上に固体，液体，気体それぞれの出現領域を表したものが相図である．純物質の典型的な相図を模式的に図 11.1 に示す．

図 11.1 において，気体と書いた $PT$ の平面領域は，この $PT$ 下で系が気体状態にあることを表す．同様に，液体と書いた領域は液体，固体と書いた領域は系が固体状態にあることを表す．一方，線分 AB は気体と液体の境界を表し，この線分上で気体と液体は平衡にある．この意味で，**気液共存線**ともいう．この線分は，液体と平衡にある蒸気の圧力 $P$ を温度 $T$ の関数としてプロットしたものであるととらえることができ，このため**蒸気圧曲線**という場合もある．点 B は臨界点である．第 2 章で学んだように，臨界点より高い温度では系は気液相転移を示さず，体積，密度は連続的に変化する．これは超臨界流体である．同様に，AC は**固気共存線**もしくは**昇華圧曲線**，AD は**固液共存線**もしくは**融解曲線**である．さらに，点 A は**三重点**と呼ばれ，気体，液体，固体の三相が共存すること，つまり三相が同時に平衡状態にあることを表している．

上述の議論においては，ある状態の取る $PT$ 領域が平面上であったり，線分上であったり，また点であったりしたが，このことをギブズの相律を用いて考察してみよう．ギブズの相律から，純物質に対して相の数が 1 のとき可変度は

$$F = C - P + 2 = 1 - 1 + 2 = 2 \qquad (11.1)$$

であり，$P$ と $T$ は独立に変化することができる．つまり，単一の相は $PT$ 平面上に平面領域を持つ．相の数が 2 のとき

$$F = C - P + 2 = 1 - 2 + 2 = 1 \qquad (11.2)$$

で可変度は 1 であり，たとえば $T$ が決まれば $P$ も決まる．つまり，二相平衡状態は線分上に表される．さらに，相の数が 3 のとき

$$F = C - P + 2 = 1 - 3 + 2 = 0 \qquad (11.3)$$

気体，液体，固体の三相が互いに平衡にあるとき可変度は 0 であり，三相共存

状態は点で代表される．つまり，物質が決まれば三重点の圧力，温度が決まり，これらは物質固有の定数となる．窒素，二酸化炭素，水の三重点の値を**表 11.1**に示す．水の三重点は温度の定義に用いられており，定義から正しく 273.16 K である．

式 (10.14), (10.15) に従うと，相境界を表す線分は 2 つの相における物質の化学ポテンシャルもしくはモル自由エネルギーが等しくなる $PT$ 点を結んだものである．また，三重点は 3 つの相における化学ポテンシャルが等しい $PT$ 点である．

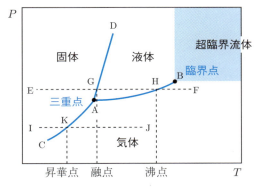

図 11.1 純物質の典型的な相挙動

表 11.1 窒素，二酸化炭素，水の三重点

|  | $T/\mathrm{K}$ | $P/\mathrm{MPa}$ |
|---|---|---|
| $N_2$ | 63.14 | 0.01252 |
| $CO_2$ | 216.58 | 0.519 |
| $H_2O$ | 273.16 | 0.00611 |

## 11.2 温度変化と相のふるまい

　三重点が示す圧力よりも高い圧力で，圧力一定条件の下で温度を上げていくと，物質は必ず固体から液体，そして液体から気体へと姿を変える．これは図 11.1 の線分 EF に沿った変化で示され，点 G の温度が**融点**，点 H が**沸点**になる．また，線分 IJ で示されるように，三重点の圧力よりも低い圧力で圧力を一定にして温度を上げていくと，固体から液体を経ることなく直接気体になる．このとき，点 K はこの圧力での**昇華点**である．それでは，なぜ，物質は温度の低い方から固体，液体，気体の順序で変化するのであろうか．この当たり前なふるまいも熱力学を用いるときれいに説明できる．

　この説明に必要な情報は，物質のエントロピーの各相における大小関係のみである．式 (9.21) が示すように $\left(\frac{\partial G}{\partial T}\right)_P = -S$ であり，エントロピーの値に負符号を付けたものが，自由エネルギーを温度の関数としてプロットしたときの傾きである．一般に，エントロピーは 9.3.2 項で議論したように正の値を持ち，大きさは気体，液体，固体の順に

$$S(\text{g}) > S(\ell) > S(\text{s}) > 0 \tag{11.4}$$

である．この傾きに従って 3 本の自由エネルギー線を引くと，3 本の線の相互関係は必然的に図 11.2 に示すようなものとなる．これは，図 9.2 とは異なる圧力におけるものである．図中，固体と液体の自由エネルギー線が交差すると，負の傾きの大きな液体が必ず固体の右下にくる．さらに，液体と気体が交差すると，傾きの大きな気体が必ず液体の右下にくる．第 8 章での議論からは，これら 3 つの相のうち自由エネルギーが最も低い相が現実に出現することになるので，図 11.2 からただちに温度の低い方から固体，液体，気体の順に相が出現することがわかる．そして，交点 G, H は 2 つの相の自由エネルギーが等しい状態であり，この点においては二相が共存する．つまり，系は固液平衡，気液平衡にある．

## 11.3 圧力変化と相のふるまい

ここで，圧力を変化させると相のふるまいはどのようになるであろうか．9.3.1 項で議論したように体積は正の値を持ち，水などの特殊な場合を除いて

$$V(\text{g}) \gg V(\ell) > V(\text{s}) > 0 \tag{11.5}$$

である．式 (9.20) から $\left(\frac{\partial G}{\partial P}\right)_T = V$ なので，図 9.1 が示すように圧力が変化すると気体のギブズの自由エネルギーは大きく変化するが，固体や液体のギブズの自由エネルギーは大きくは変化しない．このことを図 11.2 に当てはめると図 11.3 のようになる．圧力が上がると，気体のギブズの自由エネルギーは大きく増加し，線はちょうど右側にシフトしたようになる．一方で，固体や液体の線はあまり変化しない．その結果，気体と液体の交点は大きく右側，つまり高温側にシフトする．これは沸点が上昇したことを意味する．これに反して，変化の小さな固体と液体の交点，つまり融点も上昇はするが大きくは変化しない．

圧力が低くなると気体の自由エネルギー線は大きく減少し，左方向にシフトする．その結果，沸点は大きく下降する．融点も下がるが，大きくは変化しない．そしてある圧力のとき，図 11.4 の点 A に示すように気体の自由エネルギー線は固体と液体の交点を通る．交点 A は，三相の自由エネルギーが等しい状態，つまり三相が平衡にある状態である．これが三重点である．さらに圧力が低くなると図 11.5 の点 K が示すように，気体の自由エネルギー線は液体の自由エネルギー線との交点より低いところで固体と交点を持つ．つまり，固体から液体状態を経ることなく直接気体へと変化する．これが昇華である．

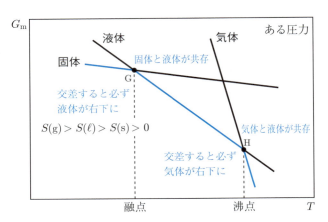

**図 11.2** ある圧力における固体，液体，気体の温度の関数としてのギブズの自由エネルギー

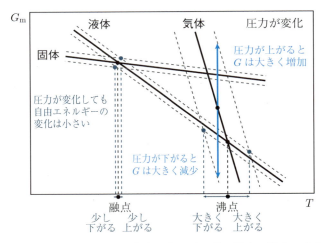

**図 11.3** 圧力変化に伴う自由エネルギー線と融点，沸点の変化

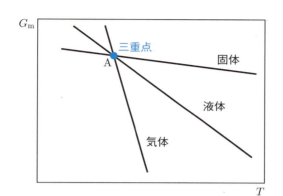

**図 11.4** 三重点．圧力を下げていったとき，固体，液体，気体の自由エネルギー線が1点で交わる圧力が必ず存在する．

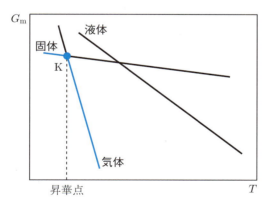

**図 11.5** 昇華．さらに圧力を下げると，固体から液体を経ることなく直接気体に変化する．

## 11.4 二相共存線

二相が共存しているとき，つまり相平衡にあるとき，純物質の場合，化学ポテンシャル，つまりモル自由エネルギーが等しい．また，示強変数 $P, T$ は平衡にある二相間では同じ値を取る．図 11.1 の相図における共存線は，二相の間で物質のモル自由エネルギーが等しくなる $PT$ 点を結んだものである．したがって，相 1 と相 2 の**二相共存線**においては

$$G_m^{(1)}(P, T) = G_m^{(2)}(P, T) \tag{11.6}$$

が満足されていなければならない．ここで，$G_m^{(i)}(P, T)$ は圧力 $P$，温度 $T$ での純物質の相 $i$ におけるモル自由エネルギーである．この条件から，共存線の傾き $\frac{dP}{dT}$ を求めよう．

図 11.6 に示すように，共存線に沿った圧力，温度の微小変化 $P \to P + dP$，$T \to T + dT$ を考える．この変化に対して，相 (1), (2) における純物質のモル自由エネルギー変化は，式 (9.18) から相 (1), (2) におけるモル体積 $V_m^{(1)}, V_m^{(2)}$，モルエントロピー $S_m^{(1)}, S_m^{(2)}$ を用いて

$$dG_m^{(1)} = V_m^{(1)} dP - S_m^{(1)} dT \tag{11.7}$$

$$dG_m^{(2)} = V_m^{(2)} dP - S_m^{(2)} dT \tag{11.8}$$

式 (11.6) と同様に，共存線上では二相のモル自由エネルギーは常に等しくなければならないので

$$G_m^{(1)} + dG_m^{(1)} = G_m^{(2)} + dG_m^{(2)} \tag{11.9}$$

したがって，式 (11.6) と合わせて

$$dG_m^{(1)} = dG_m^{(2)} \tag{11.10}$$

さらに，式 (11.7), (11.8) を用いて

$$V_m^{(1)} dP - S_m^{(1)} dT = V_m^{(2)} dP - S_m^{(2)} dT \tag{11.11}$$

この式からただちに

$$\left(V_m^{(2)} - V_m^{(1)}\right) dP = \left(S_m^{(2)} - S_m^{(1)}\right) dT$$

## 11.4 二相共存線

$$\frac{dP}{dT} = \frac{S_m^{(2)} - S_m^{(1)}}{V_m^{(2)} - V_m^{(1)}} = \frac{\Delta_{tr}S}{\Delta_{tr}V}$$

$$= \frac{\Delta_{tr}H}{T\,\Delta_{tr}V} \tag{11.12}$$

ここで，$\Delta_{tr}S$ などは相転移に伴うエントロピー変化などであり，最後の関係式の導出では相転移に際して成り立つエントロピーとエンタルピーの関係式 (7.17) を用いた．

式 (11.12) は，すべての相平衡に対して成り立つ厳密な式であり，**クラペイロンの式**と呼ばれている．

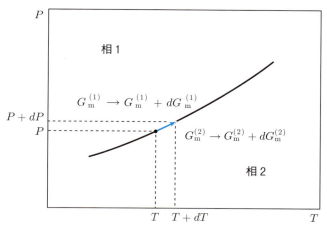

**図 11.6** 二相共存線に沿った圧力，温度の微小変化に伴う相 **1**，**2** のギブズの自由エネルギーの微小変化

## 11.5 気液共存線

式 (11.12) を気液平衡に適用して，一定の近似の下で気液共存線を求めることができる．第一に，気体のモル体積は液体のモル体積よりはるかに大きく，気体のモル体積 $V_\mathrm{m}(\mathrm{g})$ に対して液体のモル体積 $V_\mathrm{m}(\ell)$ は無視できるとする．たとえば，水蒸気は液体の水の約 1,200 倍のモル体積を有しており，妥当な近似である．第二に，気体は理想気体としてふるまうものとする．このとき $\Delta_\mathrm{vap}V = V_\mathrm{m}(\mathrm{g}) - V_\mathrm{m}(\ell) \approx V_\mathrm{m}(\mathrm{g})$ ならびに $V_\mathrm{m}(\mathrm{g}) = \frac{RT}{P}$ なので

$$\frac{dP}{dT} = \frac{\Delta_\mathrm{vap}H}{T\,\Delta_\mathrm{vap}V} \approx \frac{\Delta_\mathrm{vap}H}{TV_\mathrm{m}(\mathrm{g})} = \frac{P\,\Delta_\mathrm{vap}H}{RT^2} \qquad (11.13)$$

変形して

$$\frac{1}{P}\frac{dP}{dT} = \frac{\Delta_\mathrm{vap}H}{RT^2} \qquad (11.14)$$

さらに

$$\frac{d(\ln P)}{dT} = \frac{\Delta_\mathrm{vap}H}{RT^2} \qquad (11.15)$$

が得られる．この式を**クラウジウス–クラペイロンの式**と呼ぶ．ここでさらに第三の近似として蒸発エンタルピー $\Delta_\mathrm{vap}H$ が温度に依存しないとすると

$$\int_{P_0}^{P} d(\ln P) = \frac{\Delta_\mathrm{vap}H}{R}\int_{T_0}^{T}\frac{dT}{T^2} \qquad (11.16)$$

積分を実行して

$$\ln\frac{P}{P_0} = -\frac{\Delta_\mathrm{vap}H}{R}\left(\frac{1}{T}-\frac{1}{T_0}\right) \qquad (11.17)$$

$$P = P_0 \exp\left\{-\frac{\Delta_\mathrm{vap}H}{R}\left(\frac{1}{T}-\frac{1}{T_0}\right)\right\} \qquad (11.18)$$

が得られる．状態 0 として三重点を選べば，図 **11.7** に示すように三重点からの気液共存線（蒸気圧曲線）が得られる．

## 11.6 固気共存線

固気共存線は気液共存線と同様な取扱いで求めることができる.

$$P = P_0 \exp\left\{-\frac{\Delta_{\text{sub}}H}{R}\left(\frac{1}{T} - \frac{1}{T_0}\right)\right\} \quad (11.19)$$

ここで, $\Delta_{\text{sub}}H$ は**昇華エンタルピー**である. ここでも, 状態 0 として三重点を選べば, 図 **11.8** に示すように三重点からの固気共存線（昇華圧曲線）が得られる. 同程度の温度では

$$\Delta_{\text{sub}}H > \Delta_{\text{vap}}H \quad (11.20)$$

なので, 固気共存線の方が気液共存線よりも傾きが大きい.

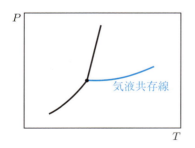

図 **11.7** 気液共存線

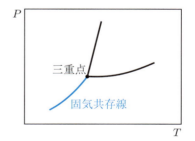

図 **11.8** 固気共存線

## 11.7 固液共存線

固液相転移においては，融解に際して融解エンタルピー $\Delta_\mathrm{m} H$，融解の体積変化 $\Delta_\mathrm{m} V$ は温度，圧力が変化しても大きくは変化しない．そこで，これらは定数として扱うことができると近似する．このとき，式 (11.12) から

$$\int_{P_0}^{P} dP = \frac{\Delta_\mathrm{m} H}{\Delta_\mathrm{m} V} \int_{T_0}^{T} \frac{dT}{T} \tag{11.21}$$

積分を実行して

$$P = P_0 + \frac{\Delta_\mathrm{m} H}{\Delta_\mathrm{m} V} \ln \frac{T}{T_0} \tag{11.22}$$

状態 0 として三重点を選べば，三重点からの固液共存線，融解曲線が得られる．一般に，融解エンタルピーは正である．一方で，融解の体積変化はほとんどの物質で正であるが，水では負である．これは，氷が水に浮くことから容易に理解できる．したがって，図 11.9 に示すように一般の物質では三重点からの融解曲線は正の傾きを持つが，水では負の傾きとなる．

## 11.8 相転移の次数

純物質の相転移に際して，モル自由エネルギーもしくは化学ポテンシャルは連続である．しかしながら，図 11.10 に模式的に示すように，モル自由エネルギーの温度に関する一階の導関数，つまりエントロピーは不連続となる場合が多い．このとき，エンタルピーも不連続となる．一方で，図 11.11 に模式的に示すように，相転移に際して自由エネルギーならびにエンタルピー，エントロピーは連続であるが，自由エネルギーの温度に関する二階の導関数，つまり熱容量が不連続なものもある．前者のように一階の導関数が不連続な相転移には気液相転移，固液相転移，固気相転移などがあり，これらを総称して**一次の相転移**と呼ぶ．また，後者のように二階の導関数が不連続になる相転移には液晶相転移や磁性相転移などの秩序－無秩序転移があり，これらを総称して**二次の相転移**と呼ぶ．

## 11.8 相転移の次数

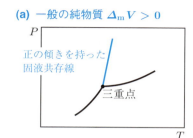
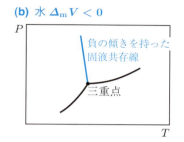

図 11.9 固液共存線．(a) $\Delta_\mathrm{m} V > 0$ の物質の固液共存線は正の傾きを，(b) $\Delta_\mathrm{m} V < 0$ の物質は負の傾きを持つ．

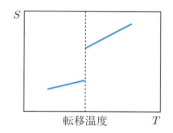

図 11.10 一次の相転移．エントロピーやエンタルピーは不連続な変化を示す．

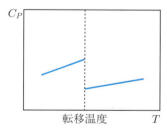

図 11.11 二次の相転移．エントロピーやエンタルピーは連続であるが，定圧熱容量は不連続な変化を示す．

# 第 11 章 純物質の相転移

## 演習問題

**11.1** $PT$ 平面に描いた相図上において，三重点 $(P_\text{t}, T_\text{t})$ の周りでの気液共存線，固気共存線，固液共存線がどのような形になるか，式 (11.18), (11.19), (11.22) から出発して，$T = T_\text{t}$ の周りでのテイラー展開などにより詳細に検討しなさい．

$$P = P_\text{t} \exp\left\{-\frac{\Delta_\text{vap}H}{R}\left(\frac{1}{T} - \frac{1}{T_\text{t}}\right)\right\} \tag{11.23}$$

$$P = P_\text{t} \exp\left\{-\frac{\Delta_\text{sub}H}{R}\left(\frac{1}{T} - \frac{1}{T_\text{t}}\right)\right\} \tag{11.24}$$

$$P = P_\text{t} + \frac{\Delta_\text{m}H}{\Delta_\text{m}V} \ln\frac{T}{T_\text{t}} \tag{11.25}$$

なお，式 (11.20) に示したように，蒸発エンタルピー，昇華エンタルピーはいずれも正の値を持ち

$$\Delta_\text{sub}H > \Delta_\text{vap}H \tag{11.26}$$

である．また，融解の体積変化 $\Delta_\text{m}V$ も正の値であるとしなさい．

**11.2** 相転移の次数に関する以下の問いに答えなさい．
(1) 一次の相転移の例を，気液相転移，固気相転移，固液相転移以外に 5 種類挙げなさい．また，二次の相転移の例を，液晶相転移，磁性相転移以外に 3 種類挙げなさい．
(2) 一次の相転移や二次の相転移以外に，λ 転移と呼ばれる相転移がある．λ 転移について文献等で調べ，λ 転移の例を 3 種類挙げた上で，その特徴を 200 字程度で簡潔に論じなさい．

# 第 12 章

# 溶液の熱力学

　別々に存在していた 2 種類の純液体を混合すると，溶液になる．これに伴い，熱力学量も変化する．変化の仕方は物質に依存して複雑なふるまいを示すが，ここではこれを単純化して理解する．理想溶液，理想希薄溶液は単純なモデルであるが，これらを用いると束一的性質など溶液のふるまいの本質を記述することができる．一方で，組成の代わりに活量を導入することにより，実在液体でも理想溶液や理想希薄溶液と同じ形の式で熱力学量を記述することができる．

## 12.1 混合の熱力学量

図 12.1 に示すように，2 種類の純物質 A, B が，それぞれ別々の容器に収められているとする．物質は気体であっても液体であってもかまわない．これを混合し，混合した系は平衡状態に到達したとする．このとき，示強変数である温度や圧力は条件に応じて変化するが，恒温槽やピストンによって一定の値に制御することもできる．ここでは考察を簡単にするために，温度，圧力を一定に保ちながら混合する過程を考える．

注目している示量変数を $X$ とする．$X$ はエンタルピー，エントロピー，ギブズの自由エネルギー，体積などである．混合前の純物質 A, B の熱力学量を $X(\mathrm{A})$, $X(\mathrm{B})$，混合後の系の熱力学量を $X(\mathrm{A}+\mathrm{B})$ とすると，混合の熱力学量 $\Delta_{\mathrm{mix}} X$ は

$$\Delta_{\mathrm{mix}} X = X(\mathrm{A}+\mathrm{B}) - \{X(\mathrm{A}) + X(\mathrm{B})\} \tag{12.1}$$

で定義され，混合エンタルピー $\Delta_{\mathrm{mix}} H$，混合エントロピー $\Delta_{\mathrm{mix}} S$，混合自由エネルギー $\Delta_{\mathrm{mix}} G$，混合体積 $\Delta_{\mathrm{mix}} V$ などがこれに相当する．

## 12.2 理想気体の混合

溶液について考察を進める前に，$P, T$ 一定の下で理想気体 A, B を混合する過程について解析する．図 12.2 に示すように，最初の状態で理想気体 A, B はそれぞれ $n_{\mathrm{A}}, n_{\mathrm{B}}$ [mol] あったとすると，式 (9.26) から

$$G(\mathrm{A}) = n_{\mathrm{A}} \left\{ G^{\ominus}(\mathrm{A}) + RT \ln \frac{P}{P^{\ominus}} \right\} \tag{12.2}$$

$$G(\mathrm{B}) = n_{\mathrm{B}} \left\{ G^{\ominus}(\mathrm{B}) + RT \ln \frac{P}{P^{\ominus}} \right\} \tag{12.3}$$

理想気体は混合した状態でも互いに相互作用しないので，それぞれの物質が別々に存在しているようにふるまう．したがって，混合後の状態におけるそれぞれの成分の分圧を $P_{\mathrm{A}}, P_{\mathrm{B}}$ とすると，混合後の系のギブズの自由エネルギーは

$$G(\mathrm{A+B}) = n_\mathrm{A}\left\{G^{\ominus}(\mathrm{A}) + RT\ln\frac{P_\mathrm{A}}{P^{\ominus}}\right\} + n_\mathrm{B}\left\{G^{\ominus}(\mathrm{B}) + RT\ln\frac{P_\mathrm{B}}{P^{\ominus}}\right\} \tag{12.4}$$

と書くことができる．したがって，式 (12.1) から

$$\Delta_\mathrm{mix}G = G(\mathrm{A+B}) - \{G(\mathrm{A}) + G(\mathrm{B})\} = n_\mathrm{A}RT\ln\frac{P_\mathrm{A}}{P} + n_\mathrm{B}RT\ln\frac{P_\mathrm{B}}{P} \tag{12.5}$$

組成を $x_\mathrm{A} = \frac{n_\mathrm{A}}{n}, x_\mathrm{B} = \frac{n_\mathrm{B}}{n}$ で表すと，ドルトンの法則から $P_\mathrm{A} = x_\mathrm{A}P, P_\mathrm{B} = x_\mathrm{B}P$ である．これらを式 (12.5) に代入すると，混合自由エネルギーは

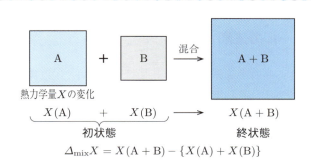

**図 12.1** 2 種類の純物質 **A, B** の混合に伴う混合の熱力学量 $\boldsymbol{\Delta_\mathrm{mix}X}$．初状態においては純物質 **A, B** は別々の容器に納められており，混合後の終状態として，1 つの容器の中で平衡状態に到達している．

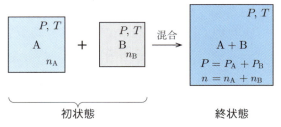

**図 12.2** 理想気体の混合．温度，圧力は一定である．

$$\Delta_{\mathrm{mix}}G = nRT(x_A \ln x_A + x_B \ln x_B) \tag{12.6}$$

が得られる．$x_A, x_B < 1$ なので $\Delta_{\mathrm{mix}}G$ は負の値を取る．式 (12.6) より，混合エントロピーは

$$\Delta_{\mathrm{mix}}S = -\left(\frac{\partial \Delta_{\mathrm{mix}}G}{\partial T}\right)_{P, n_A, n_B} = -nR(x_A \ln x_A + x_B \ln x_B) \tag{12.7}$$

となり，また，混合エンタルピーは

$$\Delta_{\mathrm{mix}}H = \Delta_{\mathrm{mix}}G + T\,\Delta_{\mathrm{mix}}S = 0 \tag{12.8}$$

である．これらをプロットすると，図 **12.3** に示すようなものになる．このような混合のことを**理想混合**と呼ぶ場合がある．

## 12.3 ラウールの法則

純物質に関する熱力学量を表す記号として $*$ を用い，純液体 A, B と平衡にある気相の圧力をそれぞれ $P_A^*, P_B^*$ で表す．ここで，物質 A, B からなる 2 成分溶液を考える．この溶液の液相の組成が $x_A, x_B$ のとき，蒸気相における成分 A, B の分圧がそれぞれ

$$P_A = x_A P_A^* \tag{12.9}$$
$$P_B = x_B P_B^* \tag{12.10}$$

で与えられるとする．さらに，蒸気が理想気体としてふるまうとき，溶液の蒸気相の全圧はドルトンの法則から

$$P = P_A + P_B = x_A P_A^* + x_B P_B^* = x_A P_A^* + (1 - x_A) P_B^*$$
$$= P_B^* + (P_A^* - P_B^*) x_A \tag{12.11}$$

となる．これらの関係をプロットすると，$P_A, P_B, P$ は図 **12.4** に示すようになる．

溶液における式 (12.1) ような蒸気圧のふるまいを**ラウールの法則**といい，また，ラウールの法則に従う溶液のことを**理想溶液**と呼ぶ．

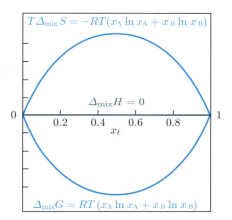

**図 12.3** 理想気体の混合のギブズの自由エネルギー，エントロピー，エンタルピー．これらは，**12.3** 節，**12.4** 節で述べる理想溶液と同じ値である．

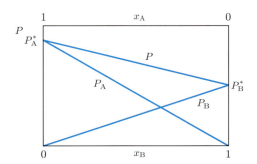

**図 12.4** ラウールの法則．成分 A, B の分圧に対して $P_A = x_A P_A^*$, $P_B = x_B P_B^*$ が成り立ち，溶液の圧力は $P = P_A + P_B$ である．

## 12.4 理想溶液の熱力学

純物質 A の液相と気相が平衡にあるとき，自由エネルギーは等しくなければならないので

$$G^*(\mathrm{A}; \ell) = G^*(\mathrm{A}; \mathrm{g}) \tag{12.12}$$

ここでも蒸気は理想気体としてふるまうとし，平衡圧力を $P_\mathrm{A}^*$ で表すと式 (9.26) から

$$G^*(\mathrm{A}; \mathrm{g}) = G^\ominus(\mathrm{A}) + RT \ln \frac{P_\mathrm{A}^*}{P^\ominus} \tag{12.13}$$

である．したがって次のように表される．

$$G^*(\mathrm{A}; \ell) = G^\ominus(\mathrm{A}) + RT \ln \frac{P_\mathrm{A}^*}{P^\ominus} \quad \text{または} \quad \mu_\mathrm{A}^*(\ell) = \mu_\mathrm{A}^\ominus + RT \ln \frac{P_\mathrm{A}^*}{P^\ominus} \tag{12.14}$$

ここで，溶液中に物質 A とは異なる別の物質 B が混合している溶液系を考える．溶液中での物質 A の化学ポテンシャルは，上記と同様の考察から

$$\mu_\mathrm{A}(\ell) = \mu_\mathrm{A}(\mathrm{g}) = \mu_\mathrm{A}^\ominus + RT \ln \frac{P_\mathrm{A}}{P^\ominus} \tag{12.15}$$

ここで，$P_\mathrm{A}$ は溶液と平衡にある混合気体中における A の分圧である．式 (12.15) から (12.14) を差し引くと

$$\mu_\mathrm{A}(\ell) - \mu_\mathrm{A}^*(\ell) = RT \ln \frac{P_\mathrm{A}}{P^\ominus} - RT \ln \frac{P_\mathrm{A}^*}{P^\ominus} \tag{12.16}$$

整理して

$$\mu_\mathrm{A}(\ell) = \mu_\mathrm{A}^*(\ell) + RT \ln \frac{P_\mathrm{A}}{P_\mathrm{A}^*} \tag{12.17}$$

結局，溶液と平衡にある気相が理想気体近似できる溶液中の A の化学ポテンシャルは，一般に純液体中での化学ポテンシャルと $RT \ln \frac{P_\mathrm{A}}{P_\mathrm{A}^*}$ だけ異なることがわかる．

さらに分圧がラウールの法則 (12.9) に従うとき，つまり溶液が理想溶液である場合，式 (12.17) は

$$\mu_\mathrm{A}(\ell) = \mu_\mathrm{A}^*(\ell) + RT \ln x_\mathrm{A} \tag{12.18}$$

## 12.4 理想溶液の熱力学

となる．溶液中での物質 A の化学ポテンシャル $\mu_A(\ell)$ は，純液体中での化学ポテンシャル $\mu_A^*(\ell)$ とモル分率 $x_A$ を用いて簡単な式で表される．同様の関係式は，もう一方の成分 B に対しても成り立ち

$$\mu_B(\ell) = \mu_B^*(\ell) + RT \ln x_B \tag{12.19}$$

となる．部分モル体積に限らず一般的に部分モル量に対して成り立つ式 (10.21) を，この化学ポテンシャルに適用すると，溶液の全自由エネルギー $G(A+B)$ は

$$\begin{aligned} G(A+B) &= n_A \mu_A + n_B \mu_B \\ &= n_A \{\mu_A^*(\ell) + RT \ln x_A\} + n_B \{\mu_B^*(\ell) + RT \ln x_B\} \end{aligned} \tag{12.20}$$

と表され，したがって，混合の自由エネルギーは

$$\begin{aligned} \Delta_{\mathrm{mix}} G &= G(A+B) - \{G(A) + G(B)\} \\ &= n_A \{\mu_A^*(\ell) + RT \ln x_A\} + n_B \{\mu_B^*(\ell) + RT \ln x_B\} - (n_A \mu_A^* + n_B \mu_B^*) \\ &= n_A RT \ln x_A + n_B RT \ln x_B \\ &= nRT(x_A \ln x_A + x_B \ln x_B) \end{aligned} \tag{12.21}$$

が得られる．これよりただちに混合エントロピーは

$$\Delta_{\mathrm{mix}} S = -\left(\frac{\partial \Delta_{\mathrm{mix}} G}{\partial T}\right)_{P, n_A, n_B} = -nR(x_A \ln x_A + x_B \ln x_B) \tag{12.22}$$

また，混合エンタルピーは

$$\Delta_{\mathrm{mix}} H = 0 \tag{12.23}$$

理想溶液とは蒸気がラウールの法則に従う溶液のことをいうが，別の言い方では，式 (12.18), (12.19) もしくは式 (12.21)〜(12.23) が成り立つ溶液のことである．理想溶液に対しては，式 (9.20) に (12.20) を適用することにより，混合の体積変化も

$$\Delta_{\mathrm{mix}} V = \left(\frac{\partial \Delta_{\mathrm{mix}} G}{\partial P}\right)_{T, n_A, n_B} = 0 \tag{12.24}$$

理想溶液の混合の自由エネルギーは理想気体の混合の自由エネルギー (12.6) と同じ形をしているが，意味は異なる．理想気体においては分子間に相互作用はないと仮定しているのに対し，理想溶液は液体状態であり，そもそも分子間相互作用の存在を仮定している．理想溶液はあくまで相互作用のバランスの結果として式 (12.21)〜(12.24) が成り立っているものである．

## 12.5 ヘンリーの法則

実在溶液の多くは，図 12.5 に示すように，全組成にわたってラウールの法則が成り立つわけではないが，成分 B の濃度が十分低い領域において，分圧 $P_B$ がモル分率 $x_B$ に比例する．

$$P_B = x_B K_B \tag{12.25}$$

一般に，比例係数 $K_B$ は成分 B の純液体の蒸気圧 $P_B^*$ とは異なる．つまり，ラウールの法則が示す分圧の傾きとは異なる．溶液のこのようなふるまいを**ヘンリーの法則**という．

ヘンリーの法則が成り立つ溶液に対し，さらに気相が理想気体近似できるとすると，式 (12.19) と (12.25) から

$$\begin{aligned}
\mu_B(\ell) &= \mu_B^*(\ell) + RT \ln \frac{P_B}{P_B^*} \\
&= \mu_B^*(\ell) + RT \ln \frac{K_B}{P_B^*} + RT \ln x_B \\
&= \mu_B^\circ(\ell) + RT \ln x_B \quad \left(\mu_B^\circ(\ell) = \mu_B^*(\ell) + RT \ln \frac{K_B}{P_B^*}\right)
\end{aligned} \tag{12.26}$$

が得られる．式 (12.26) は，基準状態を新しく取り直したことを除いて理想溶液に対する表式 (12.18), (12.19) と同じ関数形である．このため，このようなふるまいを示す溶液のことを**理想希薄溶液**という．

## 12.6 束一的性質

溶液の性質の中には，混合した溶質粒子の数にだけ依存し，粒子の個性には依存しない性質がある．このような性質のことを**束一的性質**という．束一的性質には，凝固点降下，沸点上昇，浸透圧などがある．束一的性質は，理想希薄溶液や理想溶液を仮定するだけで説明することができる．

### 12.6.1 凝固点降下と沸点上昇

純物質の液体に少量の溶質を溶かすと，凝固点は下がり，沸点は上がる．海水の凝固点は純水の凝固点と比べて低いことはよく知られているが，これは凝固点降下の一例である．

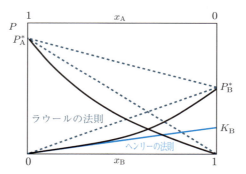

**図 12.5** ヘンリーの法則．成分 B の分圧に対して，希薄溶液において $P_B = x_B K_B$ が成り立つ．一般に，$K_B \neq P_B^*$ である．ヘンリーの法則が成り立つ希薄溶液を，理想希薄溶液と呼ぶ．

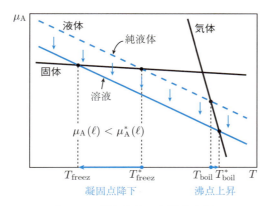

**図 12.6** 凝固点降下と沸点上昇．

ここで、溶媒は理想溶液としてふるまい、溶質は蒸気にも固体にも存在しないとする。溶媒 A が純物質として存在するときの化学ポテンシャルを $\mu_A^*(\ell)$ とする。溶質が存在するとき、溶媒 A の化学ポテンシャルは式 (12.18) から

$$\mu_A(\ell) = \mu_A^*(\ell) + RT \ln x_A \tag{12.27}$$

と表される。このとき $x_A < 1$ なので

$$\mu_A(\ell) < \mu_A^*(\ell) \tag{12.28}$$

したがって、図 11.2 で示した温度の関数としての固体、液体、気体の間の化学ポテンシャルの関係は、溶質を導入することにより図 12.6 に示すように変化する。つまり、固体と気体の化学ポテンシャルは溶質が存在しないので変化することはないが、溶液の化学ポテンシャルは液体の化学ポテンシャルと比べて小さくなる。このとき、溶液と固体の化学ポテンシャル線の交点は低温側に移動し、溶液と気体の交点は高温側に移動する。これが**凝固点降下**と**沸点上昇**である。

より定量的には、純溶媒の凝固点 $T_{\text{freez}}^*$（添え字 freez は freezing を表す）や沸点 $T_{\text{boil}}^*$（添え字 boil は boiling を表す）からの凝固点降下 $\Delta T_{\text{freez}}$、沸点上昇 $\Delta T_{\text{boil}}$ は、一定の近似の下では加えた溶質の物質量に比例し、溶質のモル分率 $x_B$ や重量モル濃度 $c_B$ の関数として

$$\Delta T_{\text{freez}} = T_{\text{freez}}^* - T_{\text{freez}} \approx -\frac{RT_{\text{freez}}^{*2}}{\Delta_{\text{freez}} H} x_B = k_{\text{freez}} x_B = K_{\text{freez}} c_B \tag{12.29}$$

$$\Delta T_{\text{boil}} = T_{\text{boil}} - T_{\text{boil}}^* \approx \frac{RT^{*2}}{\Delta_{\text{vap}} H} x_B = k_{\text{boil}} x_B = K_{\text{boil}} c_B \tag{12.30}$$

と表される（演習問題 12.1）。ここで、凝固点降下 $\Delta T_{\text{freez}}$ と沸点上昇 $\Delta T_{\text{boil}}$ は、凝固点が降下したとき、沸点が上昇したときにそれぞれ正の値を取るように定義されている。$k_{\text{freez}}, k_{\text{boil}}$ ならびに $K_{\text{freez}}, K_{\text{boil}}$ はそれぞれ**モル凝固点降下定数**、**モル沸点上昇定数**と呼ばれ、溶質の濃度をモル分率、重量モル濃度で表したときの比例定数である。凝固エンタルピー $\Delta_{\text{freez}} H$、蒸発エンタルピー $\Delta_{\text{vap}} H$ はそれぞれ負の値、正の値であるので、確かに $\Delta T_{\text{freez}}, \Delta T_{\text{boil}}$ はいずれも正の値となる。

## 12.6.2 浸透圧

図 12.7 に示すように，U 字管の底に張られた**半透膜**で純溶媒と希薄溶液が隔てられている．希薄溶液の溶質は，半透膜を透過できないとする．このとき純溶媒と溶液が平衡に到達するためには，半透膜の両側で溶媒分子の化学ポテンシャルが等しくならなければならない．しかしながら，式 (12.27) に示されるように，溶液側の溶媒の化学ポテンシャルは，純溶媒の化学ポテンシャルより必ず低い．この差を補うために，純溶媒側の溶媒分子が半透膜を横切って自発的に溶液側に移動し，溶液のメニスカスを高くすることによって，半透膜の溶液側の圧力を上げる．この圧力増加により，溶媒分子の化学ポテンシャルが釣り合わされる．この溶液側の圧力増加分を**浸透圧**という．

浸透圧 $\Pi$ は，見かけ上，理想気体の状態方程式と類似の式

$$\Pi = \frac{n_B}{V}RT = b_B RT \tag{12.31}$$

で表される（演習問題 12.3）．ここで，$n_B$ は溶液の体積 $V$ にある溶質 B のモル数であり，$b_B$ は体積モル濃度である．式 (12.31) を**ファント・ホッフの式**と呼ぶ．

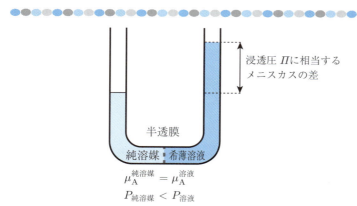

**図 12.7** 浸透圧．平衡においては，半透膜の両側で純溶媒と溶液中の溶媒の化学ポテンシャルが等しくなければならない．このため，溶媒分子が純溶媒側から溶液側に移動して溶液のメニスカスが高くなり，半透膜の溶液側で圧力が高くなる．

## 12.7 実在溶液

理想溶液や理想希薄溶液の化学ポテンシャルは，簡潔な式 (12.18), (12.26) で表された．しかしながら，**実在溶液**においては多くの場合これらとは異なった複雑なふるまいを示す．第 9 章において，実在気体の自由エネルギーの複雑なふるまいを，フガシティー $f$ やフガシティー係数 $\phi$ に押し込めることによって，理想気体に対する式 (9.26) と同様に取扱いが簡単な式 (9.28), (9.29) で表した．それと同様に活量 $a$ や活量係数 $\gamma$ を導入し，実在溶液中の成分 A, B の複雑な化学ポテンシャルのふるまいを理想的な式 (12.18), (12.26) と同じ形で表すことができれば便利である．基づく式が理想溶液か希薄理想溶液かという選択は任意であり，目的に合わせて選べばよい．

### 12.7.1 全組成にわたる溶液の記述

溶媒と溶質を区別することなく，成分 A, B の全組成範囲 0〜1 で溶液の性質を記述したいときには，理想溶液を参照すると都合がよい．つまり，実在溶液中の成分 A の化学ポテンシャルは，**活量** $a_A$ を導入することにより理想溶液の式 (12.18) と同じ形で

$$\mu_A(\ell) = \mu_A^*(\ell) + RT \ln a_A \tag{12.32}$$

と表されるとする．さらに**活量係数** $\gamma_A = \frac{a_A}{x_A}$ を導入して

$$\begin{aligned}\mu_A^{\text{real}}(\ell) &= \mu_A^*(\ell) + RT \ln \gamma_A x_A \\ &= \mu_A^*(\ell) + RN \ln x_A + RT \ln \gamma_A \\ &= \mu_A^{\text{ideal}}(\ell) + RT \ln \gamma_A \end{aligned} \tag{12.33}$$

と表す．ここで，実在溶液と理想溶液の成分 A の化学ポテンシャルを $\mu_A^{\text{real}}$, $\mu_A^{\text{ideal}}$ で区別した．式 (12.32), (12.33) は活量や活量係数の定義であるとも理解でき，非理想性はすべて活量係数 $\gamma_A$ に押し込められている．成分 B に対しても活量 $a_B$ と活量係数 $\gamma_B$ を導入して，同様に

$$\mu_B(\ell) = \mu_B^*(\ell) + RT \ln a_B = \mu_B^*(\ell) + RT \ln x_B + RT \ln \gamma_B \tag{12.34}$$

と書くことができる．式 (12.32), (12.34) において，それぞれの基準状態はいずれも $x_A = 1$, $x_B = 1$ の純液体である．

### 12.7.2 希薄溶液の記述

希薄溶液を考えるときは,たとえば組成が大きな値を持つ A を溶媒,小さな値を持つ B を溶質と区別して考えるのは自然である.特に,$x_A \to 1$, $x_B \to 0$ のとき,実在溶液では一般に溶媒 A はラウールの法則に従い,溶質 B はヘンリーの法則に従う.この極限において,溶媒 A の化学ポテンシャルは式 (12.32), (12.33) において $a_A \to x_A$, $\gamma_A \to 1$ と考えることにより理想溶液と同じふるまいを示し,適切な記述となっている.しかしながら,成分 B の化学ポテンシャルは,式 (12.34) に従う限り $x_B \to 0$ で特別な記述はなく,$\gamma_B$ のふるまいは複雑なままである.

このような場合,溶質 B の化学ポテンシャルに対しては,理想希薄溶液の式 (12.26) を用いた方が見通しがよい.ここでも活量 $a_B$ と活量係数 $\gamma_B$ を導入して

$$\mu_B(\ell) = \mu_B^\circ(\ell) + RT \ln a_B$$
$$= \mu_B^\circ(\ell) + RT \ln x_B + RT \ln \gamma_B \qquad (12.35)$$

と表すことができるとする.このように書くと $x_B \to 0$ の無限希釈極限で $\gamma_B \to 1$ となり,理想希薄溶液のふるまいに従うようになり,整合性がよい.

式 (12.32), (12.33) と式 (12.35) では,それぞれ基準状態が異なることに注意が必要である.基準状態はいずれも $x_A = 1$, $x_B = 1$ ではあるが,溶媒 A に対しては純溶媒を基準状態に取っているのに対し,溶質 B に対しては,式 (12.26) に示したように自由エネルギーが溶質の純液体と $RT \ln \frac{K_B}{P_B^*}$ だけ異なる状態,つまり基準状態とする純液体の蒸気圧がヘンリー定数 $K_B$ と等しくなっているような仮想的な状態を基準状態としている.この様子を図 **12.8** に示す.基準状態は,都合に合わせて選択すればよい.

## 演習問題

**12.1** 凝固点降下を表す式 (12.29) と，沸点上昇を表す式 (12.30) を導きなさい．ここで，凝固エンタルピー $\Delta_\mathrm{freez} H$，蒸発エンタルピー $\Delta_\mathrm{vap} H$ は，考えている温度範囲では温度に依存せず一定であるとする．

**12.2** 溶液の温度が溶質 B の凝固点より低くなると，溶質 B の飽和溶解度は指数関数的に低くなること，つまり飽和溶解度 $x_\mathrm{B}$ が近似的に

$$x_\mathrm{B} = \exp\left(-\frac{\Delta_\mathrm{freez} H}{R}\frac{T - T^*_\mathrm{freez}}{T^{*2}_\mathrm{freez}}\right)$$

で表されることを導きなさい．ここで，$T^*_\mathrm{freez}$ は溶質の凝固点であり，その凝固エンタルピー $\Delta_\mathrm{freez} H$ は考えている温度範囲では温度に依存せず一定であるとする．

飽和溶解度は溶質の個性に依存するという意味で厳密には束一的性質ではないが，現象としては束一的性質と同様の原理に従う．

**12.3** 溶質 B の体積モル濃度を $b_\mathrm{B}$ としたとき，希薄溶液の浸透圧 $\Pi$ はファント・ホッフの式 (12.31) で表されることを導きなさい．

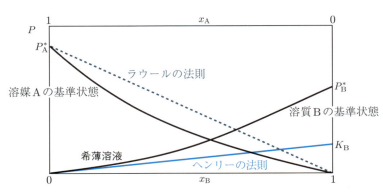

**図 12.8** 希薄溶液の溶媒 A の化学ポテンシャルを記述するための基準状態と，溶質 B の化学ポテンシャルを記述するための仮想的な基準状態．

# 第13章

# 溶液の相挙動

　溶液は複雑な相のふるまいを示す．たとえば，溶液の蒸気組成は液相の組成とは異なる．このことを利用して，工業的には蒸留による物質の分離が行われる．溶液の気相の組成と液相の組成の関係は物質によって異なり，さらに共沸点の存在など多様なふるまいを示す．一方で，溶液が液体状態で二相に相分離した状態，つまり液々相分離の現象も広く観察される．相分離挙動は温度に大きく依存するが，その温度依存性も物質によって異なり，多様なふるまいを示す．

## 13.1 圧力組成図

　議論を簡単にするため，物質 A, B からなる二成分溶液が理想溶液であり，ラウールの法則に従うとする．また，このときの液相のモル分率を $x_A$, $x_B$，気相のモル分率を $y_A$, $y_B$ とする．ここで，式 (12.11) の導出においても仮定したように，気相は理想気体でありドルトンの法則に従うとすると，蒸気中における成分 A, B の分圧 $P_A$, $P_B$ は，気相の全圧 $P$ を用いて

$$P_A = y_A P \tag{13.1}$$

$$P_B = y_B P \tag{13.2}$$

と書ける．ここで，ラウールの法則 (12.9) と (12.11) を式 (13.1) に代入すると

$$y_A = \frac{P_A}{P} = \frac{x_A P_A^*}{P_B^* + (P_A^* - P_B^*)x_A} \tag{13.3}$$

となる．この式は，成分 A の蒸気中の組成と溶液中の組成の関係を純液体の蒸気圧を用いて表したものである．式が示すように，$x_A$ と $y_A$ は互いに異なる．
　さらに，溶液と平衡にある蒸気の全圧 $P$ を液相中の組成 $x_A$ ではなく，蒸気中の組成 $y_A$ を用いて表すと

$$P = \frac{P_A^* P_B^*}{P_A^* + (P_B^* - P_A^*)y_A} \tag{13.4}$$

が得られる．

> **例題 13.1** 式 (13.3) を変形して，式 (13.4) を導きなさい．

【解答】 式 (13.3) から

$$P_B^* y_A + (P_A^* - P_B^*)x_A y_A = x_A P_A^*$$

$$x_A \{P_A^* - (P_A^* - P_B^*)y_A\} = P_B^* y_A$$

$$x_A = \frac{P_B^* y_A}{P_A^* - (P_A^* - P_B^*)y_A}$$

これを式 (12.11) に代入して

$$P = P_B^* + (P_A^* - P_B^*)\frac{P_B^* y_A}{P_A^* - (P_A^* - P_B^*)y_A}$$

$$= \frac{P_A^* P_B^*}{P_A^* + (P_B^* - P_A^*)y_A} \qquad \blacksquare$$

式 (13.4) と式 (12.11) を 1 つの図にプロットすると**図 13.1** のようになる．この例では，純物質 B の蒸気圧 $P_B^*$ の方が純物質 A の蒸気圧 $P_A^*$ よりも低いとしている．このような図のことを**圧力組成図**と呼ぶ．圧力組成図は，ある温度 $T$ において溶液と平衡にある蒸気の全圧を，溶液中の組成 $x_A$ と蒸気中の組成 $y_A$ の関数として同時にプロットしたものである．

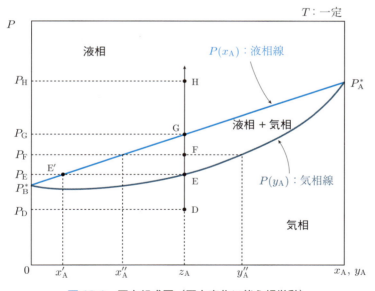

**図 13.1** 圧力組成図（圧力変化に伴う相挙動）

## 13.2 圧力変化と相挙動

圧力組成図（図 13.1）は，一定温度下において溶液が圧力と組成の関数としてどのようにふるまうかを表す相図の1つである．気相の組成 $y_A$ の関数として全蒸気圧 $P$ を結んだ線を**気相線**と呼ぶ．気相線より低圧側の組成，圧力領域では系は気体として存在する．一方，液相の組成 $x_A$ の関数として描いた全蒸気圧線のことを**液相線**と呼ぶ．液相線より高圧側の組成，圧力領域では系は液体として存在する．そして，これら気相線と液相線で囲まれた組成，圧力領域では気体と液体が共存している．

例として，状態点 D を考える．この状態点において系は気相だけからなり，物質 A の組成は $z_A$ である．この蒸気に圧力を加えていくと，系が状態点 E の圧力に到達したとき，液相が出現し始める．気相と平衡にあるこの液相は，同じ圧力 $P_E$ で状態点 E' にあり，組成は $x'_A$ である．$x'_A$ は $z_A$ よりも小さく，液相側では揮発性の高い物質 A が気相よりも相対的に少なくなっている．つまり，揮発性の低い物質 B の方が優先的に凝縮している．

さらに圧力を加えていくと液相の量が増え，気相の量が減っていく．状態点 F では気相と液相の組成はそれぞれ $y''_A$ と $x''_A$ である．液相においては $z_A$ から大きく減じた揮発性の高い物質 A の組成が増加し，再び $z_A$ に近づいてきている．気相においても物質 A の組成が大きくなっているが，これは次節で述べるように，液相の量が増え，気相の量が減っているためである．全系の組成 $z_A$ は常に一定に保たれている．

さらに圧力の上昇に伴って，液相の物質 A の組成は大きくなり，状態点 G の圧力に達したとき，気相は消滅し，系は液相のみになる．この液相の組成は再び $z_A$ である．状態点 H は，高圧の溶液に相当する．

## 13.3 溶液と蒸気の物質量比

溶液と蒸気を合わせた全系における成分 A の組成 $z_A$ が決まると，単純な考察から溶液と蒸気の物質量比が決まる．たとえば，全系の組成が $z_A$ で圧力が $P_F$ であるような状態，つまり状態点 F を考える．液相の物質量を $n_1$，気相の物質量を $n_2$ とすると，全物質量 $n$ は

$$n = n_1 + n_2 \tag{13.5}$$

であり

$$nz_A = (n_1 + n_2)z_A = n_1 z_A + n_2 z_A \tag{13.6}$$

一方で

$$nz_A = n_1 x''_A + n_2 y''_A \tag{13.7}$$

したがって

$$n_1 x''_A + n_2 y''_A = n_1 z_A + n_2 z_A \tag{13.8}$$
$$n_1(z_A - x''_A) = n_2(y''_A - z_A) \tag{13.9}$$

つまり，圧力組成図において図 13.2 に示すように，気相の組成から全系における組成までの距離を $l_2 = y''_A - z_A$，全系における組成から液相の組成までの距離を $l_1 = z_A - x''_A$ とすると

$$n_1 l_1 = n_2 l_2 \tag{13.10}$$

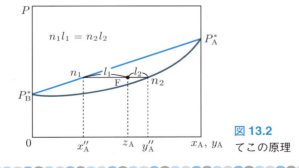

図 13.2 てこの原理

である．これはちょうど天秤において力のモーメントが等しいことと形式的に対応し，物質量比のこのような関係を**てこの原理**と呼ぶ場合がある．式 (13.10) から気相と液相の物質量比 $\frac{n_2}{n_1} = \frac{l_1}{l_2}$ を圧力組成図の簡単な作図から求めることができる．

## 13.4 温度組成図

この節では 13.3 節とは少し異なり，ある圧力 $P_0$ における溶液の沸点を $x_A$ と $y_A$ の関数としてプロットすることを考える．ここでも溶液は理想溶液としてふるまうと仮定し，純物質の蒸気圧が $P_A^* = P_A^*(T)$, $P_B^* = P_B^*(T)$ のように温度の関数としてわかっているものとする．沸点 $T_{\text{boil}}$ は，溶液の蒸気圧が溶液の置かれた環境の圧力 $P_0$ に達する温度のことなので，沸点における溶液相の組成 $x_A$ は，ラウールの法則 (12.11) から

$$P_0 = P_B^*(T_{\text{boil}}) + \{P_A^*(T_{\text{boil}}) - P_B^*(T_{\text{boil}})\}x_A \qquad (13.11)$$

を満足しなければならない．これにより，ただちに

$$x_A = \frac{P_0 - P_B^*(T_{\text{boil}})}{P_A^*(T_{\text{boil}}) - P_B^*(T_{\text{boil}})} \qquad (13.12)$$

となる．同様の考察に基づいて，気相の組成 $y_A$ は，式 (13.4) から

$$P_0 = \frac{P_A^*(T_{\text{boil}})P_B^*(T_{\text{boil}})}{P_A^*(T_{\text{boil}}) + \{P_B^*(T_{\text{boil}}) - P_A^*(T_{\text{boil}})\}y_A} \qquad (13.13)$$

を満足しなければならない．これより，ただちに

$$y_A = \frac{P_A^*(T_{\text{boil}})\{P_B^*(T_{\text{boil}}) - P_0\}}{P_0\{P_B^*(T_{\text{boil}}) - P_A^*(T_{\text{boil}})\}} \qquad (13.14)$$

が得られる．様々な $T_{\text{boil}}$ における $x_A$, $x_B$ をプロットすると，**図 13.3** のようになる．このような図のことを**温度組成図**という．

## 13.5 温度変化と相挙動

温度組成図（図 13.3）は，一定圧力下で溶液が温度と組成の関数としてどのようにふるまうかを表す相図である．気相線より高温側の組成，温度領域では系は気体として存在し，液相線より低温側の組成，温度領域では系は液体として存在する．気相線と液相線で囲まれた組成，温度領域では気体と液体が共存する．

状態点 D′ の組成 $z_A$，温度 $T_{D'}$ の溶液は液相だけからなる．温度が上昇し沸点 $T_{E'}$ に達すると E′ で沸騰を始めるが，蒸気の組成は $y'_A$ であり，低沸点成分の組成が高い．さらに温度が上昇し，状態点 F′ に達したとき，液相の組成は $z_A$ から $x''_A$ まで低くなり，気相の組成も $y'_A$ から $y''_A$ まで低くなる．系が状態点 G′ に到達したとき液相が消滅し，系はすべて組成 $z_A$ の気相となる．状態点 H′ は，高温蒸気である．

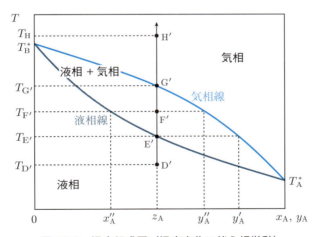

図 13.3 温度組成図（温度変化に伴う相挙動）

## 13.6 蒸留

図 13.4 に示すように，組成 $z_A$ の溶液 D がある．この溶液を加熱し状態点 E に到達して沸騰させると，その蒸気 E′ の組成は $y'_A > z_A$ である．この蒸気を冷却し凝集させると，凝集した液体の状態点は F となり，組成 $x'_A = y'_A$ の溶液が得られる．この操作を**単蒸留**という．

さらに溶液 F を加熱し，沸騰，冷却を繰り返すと G 点，H 点など，成分 A の純度の高い液体が得られ，最終的には純物質 A が抽出される．このような連続的な蒸留操作はカラムに充てん剤を詰めた**蒸留塔**によって実現され，このような操作を**分留**と呼ぶ．分留は，工業的に重要な物質分離操作の 1 つである．

## 13.7 共沸混合物

溶液の中には，図 13.5 (a), (b) に示すような特異な温度組成図を持つ系がある．これらの系においては，組成 $z_{az}$ で液相の組成と気相の組成が同じであり，この組成の溶液のことを**共沸混合物**と呼ぶ．添え字 az は，共沸（azeotropic）を意味する．共沸混合物には，図 13.5 (a) に示すような**極大沸点**を持つものがあり，また，図 13.5 (b) に示すような**極小沸点**を持つものもある．

図 13.5 (a) に示すように，極大沸点を持つ溶液に対し，$z_A < z_{az}$ の溶液を分留すると成分 B の純物質が得られ，$z_A > z_{az}$ の溶液を分留すると成分 A の純物質が得られる．共沸混合物，つまり $z_A = z_{az}$ の溶液を分留しても，組成は変化しない．一方，図 13.5 (b) に示すように，極小沸点を持つ溶液はどの組成の溶液を分留しても，得られるものは組成 $z_{az}$ の溶液である．つまり，純物質は得られない．このような性質を示す系にエタノール水溶液がある．エタノール水溶液は 98.5% で共沸混合物となり，いくら分留しても純粋なエタノールは得られない．

## 13.7 共沸混合物

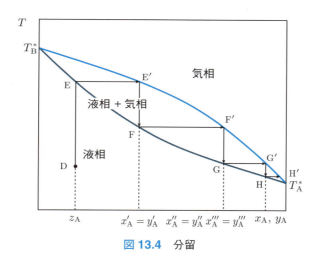

**図 13.4** 分留

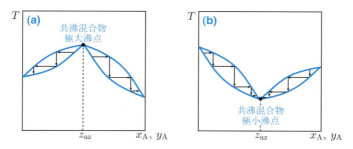

**図 13.5** **(a)** 極大沸点，**(b)** 極小沸点を示す共沸混合物を有する溶液

## 13.8 液々平衡

　水と油のように，互いに混ざり合わない溶液系がある．もちろん水層には少量の油が溶解し，油層には少量の水が溶解して平衡に到達している．このような現象のことを**相分離**といい，系は**液々平衡**にあるという．

　図 13.6 (a) に相分離系の液々平衡の相図の典型的な例を示す．この系では，状態点 D で組成 $x_A$ の溶液は完全に溶け合っており，相は 1 つであるが，温度が低くなると状態点 E で二相に分離し始める．新しく生じた液相の溶液は状態点 E″ に代表され，組成は $x_{A,E''}^{(2)}$ である．さらに温度を下げて状態点 F になると，二相の組成はそれぞれ $x_{A,F'}^{(1)}$, $x_{A,F''}^{(2)}$ である．相図から容易に理解できるように，この溶液はある温度 $T_c$ より高い温度領域では，いかなる組成でも相分離しない．この温度のことを**上部臨界溶解温度**と呼び，状態点 G を**上部臨界点**，組成 $x_c$ を**臨界組成**という．

　一方，図 13.6 (b) に示すように，低温では完全に溶け合っていた溶液が，温度が高くなると相分離する系もある．トリメチルアミン水溶液がその典型的な例である．状態点 D にある溶液の温度を上げていくと状態点 E で相分離が始まり，このとき新しく出現する相の組成は $x_{A,E''}^{(2)}$ である．さらに温度を上げて状態点 F に達すると，相分離している二相の溶液の組成はそれぞれ $x_{A,F'}^{(1)}$, $x_{A,F''}^{(2)}$ である．状態点 G を**下部臨界点**，このときの温度 $T_c$ を**下部臨界溶解温度**と呼ぶ．この溶液は温度 $T_c$ より低い温度領域では相分離しない．

　さらに，たとえばニコチン水溶液のように上部臨界点と下部臨界点の両方を持つ溶液系もある．この場合，相図は図 13.6 (c) に示すようなものとなる．この系では，たとえば完全に溶け合っている状態点 D から温度を上げていくと，状態点 E から相分離が観察され始める．さらに温度を上げていくと系は状態点 E から F まで二相に分離するが，状態点 F まで温度を上げたとき再び一相に戻る．

## 13.8 液々平衡

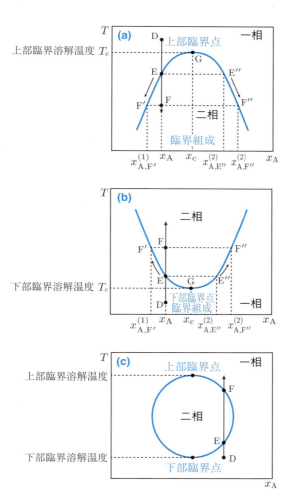

**図 13.6** **(a)** 上部臨界溶解温度，**(b)** 下部臨界溶解温度，**(c)** 上部臨界溶解温度と下部臨界溶解温度の両方を示す溶液の液々相分離

## 演習問題

**13.1** 共沸混合物の中で，極大沸点を持つ溶液系と極小沸点を持つ溶液系の例を文献などで調べ，それぞれ 3 つ挙げなさい．

**13.2** エタノール水溶液から 100% のエタノールを得るためにはどのような方法が用いられているか．文献などで調べて簡潔に論じなさい．

**13.3** 液々相分離を示す溶液系の中で，上部臨界溶解温度を持つものと下部臨界溶解温度を持つものの例を文献などで調べ，それぞれ 3 つ挙げなさい．

# 第14章

# 化学反応平衡

　定温定圧過程の場合，化学反応平衡の位置は，他の平衡と同様に $dG = 0$ を満たす場所である．平衡の位置は活量の比で定義された化学反応平衡定数を用いて定量化され，反応定数の値は標準反応ギブズ自由エネルギーを用いて計算される．平衡状態における物質量は，平衡状態の活量から計算することができる．平衡の位置は圧力や温度の変化により移動する．移動の方向は，定性的にはル・シャトリエの法則により予測されるが，これも熱力学により定量的に記述され，説明される．

## 14.1 反応進行度

一般的な化学反応について考察を進める．
$$aA + bB + \cdots \to xX + yY + \cdots$$
係数 $a, b, \cdots, x, y, \cdots$ は反応に関わる化学量論数であり，正の整数である．ここで，初状態において系は反応物 A, B, $\cdots$ だけからなり，物質量はそれぞれ $a$ [mol], $b$ [mol], $\cdots$ であったとする．その後，反応が進行することにより，反応物 A, B, $\cdots$ のうち $n_A$ [mol], $n_B$ [mol], $\cdots$ が消費され，$n_X$ [mol], $n_Y$ [mol], $\cdots$ の生成物が生成されたとする（**表 14.1**）．

ここで，反応の進み具合，つまり反応に関わる系の状態を記述することのできる新たな変数を導入する．反応物，生成物の物質量は反応式に従って化学量論的に変化するので，**反応進行度** $\xi$ を

$$\xi = \frac{n_X}{x} = \frac{n_Y}{y} = \cdots = 1 - \frac{n_A}{a} = 1 - \frac{n_B}{b} = \cdots \tag{14.1}$$

のように定義することができる．式 (14.1) に従うと，反応進行度 $\xi$ は，初状態では 0，反応物のすべてが生成物に変換された状態で 1 であり，中間の状態も含めて系のすべての状態を一意的に表すことができる．

定温，定圧での化学反応を考える．反応が進行すると物質量が変化するので，全系のギブズの自由エネルギーも変化する．定温，定圧過程における物質量の変化に伴う全系のギブズの自由エネルギーの変化 $dG$ は，式 (10.4) から

$$dG = \mu_X\, dn_X + \mu_Y\, dn_Y + \cdots + \mu_A\, dn_A + \mu_B\, dn_B + \cdots \tag{14.2}$$

一方，式 (14.1) から

$$d\xi = \frac{dn_X}{x} = \frac{dn_Y}{y} = \cdots = \frac{-dn_A}{a} = \frac{-dn_B}{b} = \cdots \tag{14.3}$$

である．これを式 (14.2) に代入すると

$$\begin{aligned} dG &= x\mu_X\, d\xi + y\mu_Y\, d\xi + \cdots - a\mu_A\, d\xi - b\mu_B\, d\xi - \cdots \\ &= (x\mu_X + y\mu_Y + \cdots - a\mu_A - b\mu_B - \cdots)\, d\xi \end{aligned} \tag{14.4}$$

これよりただちに次式が得られる．

$$\left(\frac{\partial G}{\partial \xi}\right)_{P,T} = x\mu_X + y\mu_Y + \cdots - a\mu_A - b\mu_B - \cdots \tag{14.5}$$

## 14.2 化学反応平衡定数

式 (12.34), (12.35) などに従うと，溶液中におけるたとえば成分 B の化学ポテンシャルは，より一般的に

$$\mu_B = \mu_B^{\ominus} + RT \ln a_B \tag{14.6}$$

と表される．ここで定義した標準化学ポテンシャル $\mu_B^{\ominus}$ は，様々な基準状態の取り方を代表させ，1 つの記号で表したものである．活量を用いる際は，どのような基準状態を考えているのか常に意識しておかなければならない．たとえば，式 (12.34) におけるように理想溶液を考えたときには $\mu_B^{\ominus}$ は成分 B の純液体の持つ化学ポテンシャルもしくはモル自由エネルギーである．

$$\mu_B^{\ominus} = \mu_B^{*} \tag{14.7}$$

一方で，式 (12.35) におけるように理想希薄溶液を考えたときには，式 (12.26) や図 12.8 で表されるような仮想的な状態の純物質 B の化学ポテンシャルもしくはモル自由エネルギーに等しい．

$$\mu_B^{\ominus} = \mu_B^{\circ} \tag{14.8}$$

このように表したとき，式 (14.5) は

$$\left(\frac{\partial G}{\partial \xi}\right)_{P,T} = x(\mu_X^{\ominus} + RT \ln a_X) + y(\mu_Y^{\ominus} + RT \ln a_Y) + \cdots$$
$$- a(\mu_A^{\ominus} + RT \ln a_A) - b(\mu_B^{\ominus} + RT \ln a_B) + \cdots$$

表 14.1 反応物，生成物の物質量と反応進行度

| | 反応物 | | | 生成物 | | | 反応進行度 |
|---|---|---|---|---|---|---|---|
| | A | B | ⋯ | X | Y | ⋯ | $\xi$ |
| 反応前 | $a$ | $b$ | ⋯ | 0 | 0 | ⋯ | 0 |
| 反応中 | $a - n_A$ | $b - n_B$ | ⋯ | $n_X$ | $n_Y$ | ⋯ | $\frac{n_X}{x}$ |
| 完全に反応 | 0 | 0 | | $x$ | $y$ | | 1 |

$$= (x\mu_X^{\ominus} + y\mu_Y^{\ominus} + \cdots - a\mu_A^{\ominus} - b\mu_B^{\ominus} - \cdots)$$
$$+ RT \ln\left(\frac{a_X^x a_Y^y \cdots}{a_A^a a_B^b \cdots}\right) \tag{14.9}$$

となる．ここで，純物質の化学ポテンシャルはモル自由エネルギーに等しいので

$$\left(\frac{\partial G}{\partial \xi}\right)_{P,T} = \Delta_{\text{react}} G^{\ominus} + RT \ln\left(\frac{a_X^x a_Y^y \cdots}{a_A^a a_B^b \cdots}\right) \tag{14.10}$$

$$\Delta_{\text{react}} G^{\ominus} = x\mu_X^{\ominus} + y\mu_Y^{\ominus} + \cdots - a\mu_A^{\ominus} - b\mu_B^{\ominus} - \cdots \tag{14.11}$$

と書くことができる．ここでも記号 $^{\ominus}$ の意味は式 (14.6), (14.7), (14.8) と同じである．式 (14.10) は，液相反応に限らず，活量の代わりにフガシティーを用いることにより気相反応などに対してもそのまま適用することができる．もちろんこのときは，$\Delta_{\text{react}} G^{\ominus}$ は気体に対して選ばれた標準状態に従って計算する必要がある．

平衡においては，自由エネルギーは最小値，つまり $\left(\frac{\partial G}{\partial \xi}\right)_{P,T} = 0$ でなければならないので

$$\Delta_{\text{react}} G^{\ominus} + RT \ln\left(\frac{a_X^x a_Y^y \cdots}{a_A^a a_B^b \cdots}\right)_{\text{eq}} = 0 \tag{14.12}$$

このように，平衡状態における活量の比 $\left(\frac{a_X^x a_Y^y \cdots}{a_A^a a_B^b \cdots}\right)_{\text{eq}}$ は決まった値を持ち，これを**化学反応平衡定数** $K_a$ で表す．

$$K_a = \left(\frac{a_X^x a_Y^y \cdots}{a_A^a a_B^b \cdots}\right)_{\text{eq}} \tag{14.13}$$

このとき

$$\Delta_{\text{react}} G^{\ominus} = -RT \ln K_a \tag{14.14}$$

あるいは

$$K_a = \exp\left(-\frac{\Delta_{\text{react}} G^{\ominus}}{RT}\right) \tag{14.15}$$

である．

**コラム　最先端の科学と熱力学**

　物質のふるまいを記述するためには，現在においても熱力学が用いられている．たとえば，分子のある物質への結合のしやすさを議論するときは，分子が気相中もしくは液相中に存在するときと，注目している物質に結合しているときとの自由エネルギー差，つまり結合の自由エネルギーが用いられる．

　結合自由エネルギーがよく登場する最先端科学として，創薬分野がある．上述の分子を薬剤となるべきタンパク質の阻害剤，分子が結合する物質をタンパク質とすると，結合自由エネルギーは阻害剤がタンパク質にどのくらい強く結合できるかを定量的に記述するものとなる．この結合自由エネルギーはしばしば**ドッキング自由エネルギー**とも呼ばれ，新しい薬剤の開発，設計において中心的役割を果たし，必ず議論されるものである．化学分野においても，固体表面への分子の吸着，ミセルによる難溶性溶質の可溶化，膜を横切る物質の透過など，同様な取扱いに基づいて系のふるまいが記述されている．

　化学反応に関しても，たとえば溶液内化学反応では溶媒の存在下で反応の経路に沿って自由エネルギーを求め，自由エネルギー障壁の高さから反応速度を議論しようという研究もある．反応経路に沿っての自由エネルギー最大点を**遷移状態**と呼び，このような解析手法を**遷移状態理論**という．さらには，タンパク質の折れたたみや高分子のミクロ相分離，分子による自己組織化など，物質の構造形成において自由エネルギーが議論の中心となっている研究は枚挙にいとまがない．

　この自由エネルギーは，実は実験からは求めにくいものである．そこで，スーパーコンピュータを駆使して計算科学的に求めようという大きな流れができてきている．これは統計力学，そして分子動力学計算と呼ばれる熱力学とはまた別の体系の助けを借りて行われているものであるが，これらの方法論は熱力学と親戚関係にあり，いずれも第 2 章に示したような分子間相互作用から出発して自由エネルギーをはじめとした熱力学量を，理論に基づいて大規模な計算から求めようとするものである．

　日本の学部の教育体系の中では，統計力学は物理化学の一部として数回の講義で概要のみを学習することが多い．その上で，大学院で本格的な講義を受ける機会が提供されるのが一般的だろう．分子動力学法はさらに専門的な講義になる．しっかりと勉強していただきたい．

## 14.3 理想溶液，理想気体の化学反応平衡定数

理想溶液の化学ポテンシャルは式 (12.18) で表され，式 (14.13) の化学反応平衡定数は活量の代わりに溶液の組成，つまり物質量で直接表される．

$$K_x = \left( \frac{x_X^x x_Y^y \cdots}{x_A^a x_B^b \cdots} \right)_{eq} \tag{14.16}$$

式 (14.16) はモル濃度を用いて表すこともでき，このときは式 (1.2) と同じ形で

$$K = \left( \frac{[X]^x [Y]^y \cdots}{[A]^a [B]^b \cdots} \right)_{eq} \tag{14.17}$$

となる．

また，反応ギブズ自由エネルギーは，式 (14.7) からそれぞれの純物質が液体状態にあるときの自由エネルギーから求めることとなり，結局，式 (8.45) で議論した標準生成ギブズ自由エネルギーから計算した標準反応ギブズ自由エネルギーを用いればよい．

$$\begin{aligned}\Delta_{\text{react}} G^{\ominus} &= -RT \ln K_x \\ &= -RT \ln \left( \frac{x_X^x x_Y^y \cdots}{x_A^a x_B^b \cdots} \right)_{eq} \end{aligned} \tag{14.18}$$

このように理想溶液の反応平衡の表式は単純化され，簡単なものとなっている．

理想気体に対する化学反応平衡の式では，式 (9.26) に従って活量の代わりに分圧と標準圧力の比で表される．

$$K_P = \left\{ \frac{\left( \frac{P_X}{P^{\ominus}} \right)^x \left( \frac{P_Y}{P^{\ominus}} \right)^y \cdots}{\left( \frac{P_A}{P^{\ominus}} \right)^a \left( \frac{P_B}{P^{\ominus}} \right)^b \cdots} \right\}_{eq} \tag{14.19}$$

また反応ギブズ自由エネルギーは，標準状態の気体分子の反応ギブズ自由エネルギーとして計算しなければならないが，形式的には式 (14.13), (14.14) と同じ形のものになる．

## 14.3 理想溶液,理想気体の化学反応平衡定数

$$\Delta_{\text{react}} G^{\ominus} = -RT \ln K_P$$
$$= -RT \ln \left\{ \frac{\left(\frac{P_X}{P^{\ominus}}\right)^x \left(\frac{P_Y}{P^{\ominus}}\right)^y \cdots}{\left(\frac{P_A}{P^{\ominus}}\right)^a \left(\frac{P_B}{P^{\ominus}}\right)^b \cdots} \right\}_{\text{eq}} \quad (14.20)$$

$K_P$ の値は,標準圧力 1 atm という標準状態における物質の自由エネルギー差で決まるものであり,全圧 $P$ には依存しない定数である.

一方で,理想気体に対しても式 (14.16) のようなモル分率で定義した平衡定数 $K_x$ を用いる場合,分圧を用いて表した式 (14.19) とは形が異なってくる.分圧に対するドルトンの法則などを用いると,$K_x$ と $K_P$ の間には

$$K_x = \left( \frac{x_X^x x_Y^y \cdots}{x_A^a x_B^b \cdots} \right)_{\text{eq}}$$
$$= \left\{ \frac{\left(\frac{P_X}{P}\right)^x \left(\frac{P_Y}{P}\right)^y \cdots}{\left(\frac{P_A}{P}\right)^a \left(\frac{P_B}{P}\right)^b \cdots} \right\}_{\text{eq}}$$
$$= \left\{ \frac{\left(\frac{P_X}{P^{\ominus}}\right)^x \left(\frac{P_Y}{P^{\ominus}}\right)^y \cdots}{\left(\frac{P_A}{P^{\ominus}}\right)^a \left(\frac{P_B}{P^{\ominus}}\right)^b \cdots} \left(\frac{P}{P^{\ominus}}\right)^{-(x+y+\cdots-a-b-\cdots)} \right\}_{\text{eq}}$$
$$= K_P \left(\frac{P}{P^{\ominus}}\right)^{-(x+y+\cdots-a-b-\cdots)} \quad (14.21)$$

の関係が得られる.因子 $\left(\frac{P}{P^{\ominus}}\right)^{-(x+y+\cdots-a-b-\cdots)}$ は標準圧力単位で表した全圧を反応に関わる化学量論数の差だけ $-(x+y+\cdots-a-b-\cdots)$ 乗したものである.全圧 $P$ によって $K_P$ は変わらなくても,化学量論数の差が 0 でないときは,平衡混合物の成分のモル分率で定義した $K_x$ は変化し,全圧依存性が生じる.化学量論数の差が 0 の場合には全圧依存性は生じず,$K_x = K_P$ である.

## 14.4 化学反応の圧力依存性

$K_x$ が全圧依存性を持つ反応の典型的な例として,理想気体を構成する物質の化学反応

$$
\begin{array}{ccc}
\text{A} & \rightleftarrows & 2\text{X} \\
(1-\xi)a \text{ モル} & & 2\xi a \text{ モル}
\end{array}
$$

について解析する.温度 $T$ ならびに系の全圧 $P$ は反応中一定であるとする.初状態では物質 A のみが $a$ [mol] あり,その後反応が進んだ状態を式 (14.1) を用いて反応進行度 $\xi$ で定義する.このとき,反応物は $(1-\xi)a$ [mol],生成物は $2\xi a$ [mol] となる.この $\xi$ を全圧 $P$ の関数として表す.

まず組成 $x_\text{A}$ および $x_\text{X}$ は,それぞれ

$$x_\text{A} = \frac{(1-\xi)a}{(1-\xi)a + 2\xi a} = \frac{1-\xi}{1+\xi} \tag{14.22}$$

$$x_\text{X} = \frac{2\xi a}{(1-\xi)a + 2\xi a} = \frac{2\xi}{1+\xi} \tag{14.23}$$

したがってドルトンの法則から

$$P_\text{A} = \frac{1-\xi}{1+\xi}P \tag{14.24}$$

$$P_\text{X} = \frac{2\xi}{1+\xi}P \tag{14.25}$$

系が平衡状態に到達したとして,これらを用いて平衡状態における反応進行度 $\xi$ を求めよう.平衡定数は,式 (14.19) で与えられ,この反応の場合

$$
\begin{aligned}
K_P &= \frac{\left(\frac{P_\text{X}}{P^\ominus}\right)^2}{\frac{P_\text{A}}{P^\ominus}} = \frac{\left(\frac{2\xi}{1+\xi}P\right)^2/P^{\ominus 2}}{\left(\frac{1-\xi}{1+\xi}P\right)/P^\ominus} \\
&= \frac{4\xi^2}{(1+\xi)(1-\xi)}\frac{P}{P^\ominus} = \frac{4\xi^2}{1-\xi^2}\frac{P}{P^\ominus}
\end{aligned}
\tag{14.26}
$$

を満たす.式 (14.26) に $\frac{P}{P^\ominus}$ の因子が現れているのは,式 (14.21) に $\frac{P}{P^\ominus}$ が見られるのと同じ理由による.さらに変形して

## 14.4 化学反応の圧力依存性

$$K(1-\xi^2) = 4\xi^2 \frac{P}{P^\ominus}$$

$$\left(4\frac{P}{P^\ominus} + K\right)\xi^2 = K$$

$$\xi^2 = \frac{K}{4\frac{P}{P^\ominus} + K}$$

$$\xi = \sqrt{\frac{K}{4\frac{P}{P^\ominus} + K}} \tag{14.27}$$

となる．ここでは $K = 300$ として，平衡状態における反応進行度 $\xi$ を $P$ の関数として図 **14.1** にプロットした．

全圧 $P$ を高くすると $\xi$ は小さくなり，平衡は反応物側に移動する．つまり，体積を減少させて，系の圧力を低くする．式 (14.27) は，圧力に関する**ル・シャトリエの法則**を定量的に記述したものである．

一般に，式 (14.21) でも議論した化学量論数の差 $x + y + \cdots - a - b - \cdots$ が 0 でないときに圧力依存性が生じ，ル・シャトリエの法則がいうところの系の応答が観察される．化学量論数差が 0 のときには因子 $\frac{P}{P^\ominus}$ は出現せず，圧力依存性は見られない．

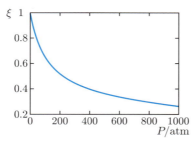

図 **14.1** 化学反応 $A \rightleftarrows 2X$ の平衡状態での反応進行度の圧力依存性．式 (**14.27**) において $K = 300$ と仮定

## 14.5 化学反応の温度依存性

式 (14.14) から

$$\ln K = -\frac{\Delta_{\text{react}} G^{\ominus}}{RT} \tag{14.28}$$

$T$ で微分すると

$$\frac{d \ln K}{dT} = -\frac{1}{R} \frac{d\left(\frac{\Delta_{\text{react}} G^{\ominus}}{T}\right)}{dT} \tag{14.29}$$

ギブズ−ヘルムホルツの式 (9.41) からただちに

$$\frac{d \ln K}{dT} = -\frac{1}{R}\left(-\frac{\Delta_{\text{react}} H^{\ominus}}{T^2}\right)$$

$$= \frac{\Delta_{\text{react}} H^{\ominus}}{RT^2} \tag{14.30}$$

が得られる．

■**反応が発熱反応，つまり $\boldsymbol{\Delta_{\text{react}} H^{\ominus} < 0}$ である場合** 式 (14.30) から $\frac{d \ln K}{dT} < 0$ であり，単調増加関数である対数関数の性質から $\frac{dK}{dT} < 0$ である．これより，発熱反応に対しては，温度を下げると反応定数は大きくなり反応が生成物側に移動する．言いかえると，反応により発熱させて系の温度を保とうとする．

■**反応が吸熱反応，つまり $\boldsymbol{\Delta_{\text{react}} H^{\ominus} > 0}$ である場合** $\frac{d \ln K}{dT} > 0$ であり，$\frac{dK}{dT} > 0$ である．これより，吸熱反応に対しては温度を上げると反応が生成物側に移動し，反応により吸熱させて系の温度を保とうとする．

これらは，熱に関するル・シャトリエの法則を定量的に示したものである．

## 演習問題

**14.1** 理想気体中でのホルムアルデヒドの合成方法として次の2通りの反応を考える.
 (イ)　$CO + H_2 \to HCHO$
 (ロ)　$2CH_3OH + O_2 \to 2HCHO + 2H_2O$

表 14.2 の 298.15 K における標準生成ギブズ自由エネルギーの値を用い，以下の問いに答えなさい．

(1) 反応（イ）に対し，標準反応自由エネルギー $\Delta_{\text{react}} G^{\ominus}$ の値を求めなさい．

(2) 反応（イ）に対し，平衡定数 $K_P$ を求めなさい．

(3) 反応（イ）の初状態は，CO と $H_2$ の等モル混合物であった．この状態から反応が進み平衡状態に到達した．平衡状態において全圧を 1 atm に保持したときのホルムアルデヒドの分圧 $P_{\text{HCHO}}$ はいくらか．$P_{\text{HCHO}} \ll 1$ [atm] と近似して，おおよその値を求めなさい．

(4) 平衡の位置だけから判断して，（イ），（ロ）どちらの合成方法が有利か議論しなさい．

**14.2** アンモニアの合成反応

$$N_2(g) + 3H_2(g) \rightleftarrows 2NH_3(g)$$

に関する以下の問いに答えなさい．ただし，アンモニア 1 mol の標準生成自由エネルギーは 298.15 K において $-17 \text{ kJ mol}^{-1}$ であるとし，気体は理想気体としてふるまうものとする．

(1) 化学反応平衡定数 $K_P$ を平衡状態における窒素，水素，アンモニアの分圧 $P_{N_2}, P_{H_2}, P_{NH_3}$ で表しなさい．

(2) 298.15 K における化学反応平衡定数 $K_P$ の値を求めなさい．

表 14.2　気相中でのホルムアルデヒド合成の反応物，生成物の 298.15 K における標準生成ギブズ自由エネルギー

|  | $\Delta_f G^{\ominus}/\text{kJ mol}^{-1}$ |
|---|---|
| CO(g) | $-137.0$ |
| HCHO(g) | $-123.0$ |
| $CH_3OH$(g) | $-162.0$ |
| $H_2O$(g) | $-228.6$ |

(3) 最初に 1 mol の窒素分子と 3 mol の水素分子で構成されていた反応物が，298.15 K で生成物のアンモニアと平衡に到達しているものとする．このとき，残っている窒素のモル数を $\alpha$ として，残っている水素，生成したアンモニアのモル数を $\alpha$ を用いて表しなさい．

(4) 全圧を $P$ として，(3) のときの窒素，水素，アンモニアの分圧 $P_{N_2}$, $P_{H_2}$, $P_{NH_3}$ を $P$ と $\alpha$ を用いて表しなさい．

(5) $K_P$ を $P$ と $P^\ominus$, $\alpha$ で表しなさい．

(6) $\beta = \alpha^2$ として，$K_P$ を $P$ と $P^\ominus$, $\beta$ で表しなさい．

(7) $K_P$ や $P^\ominus$ は全圧によらず一定である．このとき，$P$ は $\beta$ とどのような関係にあるか．

(8) 系の全圧を上げたとき，反応はどちらに進むか．(7) の結果を用いて論じなさい．

**14.3** 理想気体中の化学反応

$$A + B \rightleftarrows C$$

の全圧依存性について以下の問いに答えなさい．

(1) 化学反応平衡定数 $K_P$ を，各成分の分圧 $P_A$, $P_B$, $P_C$ ならびに標準圧力 $P^\ominus$ を用いて表しなさい．

(2) 初状態において，反応物である A, B はいずれも 1 mol あったとし，また生成物である C は 0 mol であったとして，反応進行度 $\xi$ を生成された C のモル数で定義する．このとき，各成分の分圧 $P_A$, $P_B$, $P_C$ を反応進行度 $\xi$ と全圧 $P$ で表しなさい．

(3) 平衡における反応進行度を $\xi_0$ として，$K_P$ を $\xi_0$ と $P$, $P^\ominus$ で表しなさい．

(4) 系の全圧が $P = \frac{3}{K} P^\ominus$ のときの $\xi_0$，つまりこの全圧下で平衡状態において生成されている C のモル数を求めなさい（標準圧力は 1 atm なので，$K_P$ の値が極めて小さい上述のホルムアルデヒドの合成反応のような場合には，この圧力条件は現実的でない相当な高圧である．しかしながら，$K_P$ や $P$ の値にかかわらず，ここではあくまで理想気体近似が成り立つものとして解答しなさい）．

# 演習問題解答指針

## 第2章

**2.1** (1) 簡単のため，1 mol あたりの量を求めることとして，$n = 1$ を式 (2.7) に代入して $P = \cdots$ という表式に変形した後，実際に $V$ で一階微分，二階微分を行い，これにより $V$ と $T$ に関する連立方程式が得られる．$V$ から先に求めると，計算が容易．

(2) 式 (2.3) に (1) の結果を代入．

(3) 式 (2.7) に

$$P = P_\mathrm{c} P_\mathrm{r}, \quad V = V_\mathrm{c} V_\mathrm{r}$$

などを代入して，式を整理．

## 第3章

**3.1** 一見永久機関のように見えるが，実はそうではない身近な事例や歴史として過去の代表的な事例の説明．

**3.2** 電池による電気的な仕事と界面を作るために必要な仕事．

## 第4章

**4.1** 式 (2.7) の圧力を式 (4.3) に代入して積分．

**4.2** 与えられた圧力を式 (4.3) に代入して積分．

**4.3** (1) $PV = RT$ を利用．

(2) 数値を (1) の結果に代入．思った以上に高温．

(3) $PV = RT$ を $\frac{T_\mathrm{B}}{T_\mathrm{A}}$ の式に代入．

## 第5章

**5.1** 例題 5.1 と同様．

**5.2** (1) 式 (4.13) の両辺を圧力一定条件下で $T$ に関する微分の形に変形後，膨張率の定義式 (4.20) を代入．

(2) $H = H(P, T)$ として，$H$ の $P$ と $T$ に関する全微分．

$$dH = \left(\frac{\partial H}{\partial P}\right)_T dP + \left(\frac{\partial H}{\partial T}\right)_P dT$$

を温度一定条件下で $T$ に関する微分の形に変形．そのとき現れる偏微分 $\left(\frac{\partial H}{\partial P}\right)_T$, $\left(\frac{\partial P}{\partial T}\right)_V$ に公式 (a), (b) を適用．

**5.3** (1) $U = U(V, T)$ として，$U$ の $V$ と $T$ に関する全微分の表式の両辺を圧力一定条件下で $T$ に関する微分の形に変換．得られた $\left(\frac{\partial U}{\partial T}\right)_P$ を，$C_P - C_V$ の表式中の $H$ に $H = U + PV$ を代入して得られる式に入れて整理．
(2) $PV = RT$ を適用．

**5.4** $\mu$ が正のときだけ冷却できる．

## 第6章

**6.1** (1) 簡単な計算．
(2) 必要となる余分なエネルギー．

**6.2** カルノーサイクルに対して行った解析と同様な解析．

## 第7章

**7.1** 式 (5.10), (7.20) を用いて積分．

**7.2** 式 (7.23) を適用して数値計算．

**7.3** エントロピーは状態関数なので，理想気体に対しては式 (7.14) を適用．一方，外界は真空なので，理想気体は外界に対して仕事をしていない．また，温度一定条件と熱力学第一法則から，理想気体は外界と熱のやり取りもしていない．つまり，理想気体によって外界は何もなされていない．

**7.4** 統計力学におけるギブズによるエントロピーの定義を参照のこと．

## 第8章

**8.1** (1) 式 (8.45) を適用して数値計算．
(2) 数値的に確認．

**8.2** エントロピー変化について考察．

## 第9章

**9.1** (1) $H = U + PV$ から出発して，式 (9.4) を利用．
(2) 式 (9.4) から (9.9) にかけての議論を参照．

**9.2** (1) 演習問題 9.1 と同様にして導出．
(2) 式 (9.13) から (9.14) にかけての議論を参照．
(3) $PV = RT$ を (2) の結果に適用．

**9.3** 式 (9.14) の右辺第 1 項に $V$ に関する連鎖律（chain rule）ならびに演習問題 5.2 の公式 (b) を適用．

**9.4** 偏微分 (9.39) に $\frac{1}{T}$ に関する連鎖律を適用．

**9.5** 式 (9.34) を利用．

## 第10章

**10.1** 自分で調べる．

**10.2** $y_1 = y_1(h) = hx_1$, $y_2 = y_2(h) = hx_2$ とおいて，$F(hx_1, hx_2) = hF(x_1, x_2)$ の左辺 $F(y_1(h), y_2(h))$ を $h$ で微分．一方，右辺も $h$ で微分．両辺を等しいとおいて，$h = 1$ を代入．

**10.3** $V$ は 1 mol あたりの体積に相当．$x_A + x_B = 1$ と合わせて，成分 A が $x_A$ [mol]，成分 B が $x_B$ [mol] の溶液と考えることができる．式 (10.17) を適用．

## 第11章

**11.1** 関数 $f(x)$ の $x = x_0$ の周りでのテイラー展開は

$$f(x) = f(x_0) + f'(x_0)(x - x_0) + \frac{1}{2}f''(x_0)(x - x_0)^2 + \cdots.$$

第二項（一階微分の項）まで考える．

**11.2** 自分で調べる．

## 第12章

**12.1** 凝固点降下：溶質 B は溶媒 A の固相には溶けないとすると，固相中の A の化学ポテンシャルは純溶媒 A の固体の化学ポテンシャル $\mu_A^*(s)$ と等しく，また，溶液中の A の化学ポテンシャル $\mu_A(\ell)$ は式 (12.27) で表される．これらは平衡状態において等しい．これらから

$$\ln x_A = \frac{\Delta_{\text{freez}} G}{RT} = \mu_A^*(s) - \mu_A^*(\ell)$$

が導かれ，両辺の温度微分を取ってギブズ－ヘルムホルツの式を適用した後，純溶媒状態から溶液状態までモル分率 $x_A$ と温度 $T$ に関して積分し，式を整理．

沸点上昇：凝固点降下と同様．

**12.2** 溶液から析出した固相は溶質 B だけからなるとすると，固相中の B の化学ポテンシャルは純物質 B の固体の化学ポテンシャル $\mu_B^*(s)$ と等しく，また溶液中の溶質 B の化学ポテンシャル $\mu_B(\ell)$ は式 (12.27) で与えられ，これらは等しい．凝固点降下，沸点上昇の式の導出と同様に，これらから

$$\ln x_B = \frac{\Delta_{\text{freez}} G}{RT}$$

が導かれ，両辺の温度微分を取ってギブズ－ヘルムホルツの式を適用した後，純溶媒状態から溶液状態までモル分率 $x_B$ と温度 $T$ に関して積分し，式を整理．

**12.3** 純溶媒 A（圧力 $P$）と溶液中（圧力 $P + \Pi$）の溶媒 A の化学ポテンシャルは等しく，後者に式 (12.27) を適用した後，異なる圧力 $P + \Pi$ における化学ポテンシャルを式 (9.23) や対数関数に対する近似式を利用して求めて代入，式を整理．

## 第 13 章
**13.1**, **13.2**, **13.3** 自分で調べる．

## 第 14 章
**14.1** (1) 簡単な数値計算．
　(2) 式 (14.19) を利用．
　(3) $P_{\text{HCHO}} \ll 1$ を用いると，式が簡単に解ける形に．
　(4) （ロ）に対して数値計算．平衡定数を比較．
**14.2** (1) 式 (14.19) を利用．
　(2) 簡単な数値計算．
　(3) 化学量論数に従った変化．
　(4) ドルトンの法則から分圧を計算．
　(5) (4) の結果を (1) の結果に代入．
　(6) 式変形．
　(7) $P$ を $\beta$ で表す．
　(8) (7) の結果からただちに求まる．
**14.3** (1) 式 (14.19) を利用．
　(2) 化学量論数に従った変化．
　(3) ドルトンの法則から分圧を計算．(1) の結果に代入．
　(4) $\xi_0$ に対する方程式を立て，これを解く．

# 参 考 書

【熱力学】
[1] 『マッカーリ・サイモン 物理化学（下）』，D.A. McQuarrie and J.D. Simon 著，千原秀昭，江口太郎，斉藤一弥訳，東京化学同人（2000）．
[2] 『アトキンス 物理化学（上） 第 8 版』，P. Atokins and J. de Paula 著，千原秀昭，中村亘男訳，東京化学同人（2009）．
[3] 『基礎化学熱力学』，E.B. Smith 著，小林 宏，岩橋槇夫訳，化学同人（1992）．
[4] 『大学演習 熱学・統計力学』，久保亮五編，裳華房（1977）．

【熱力学データ】
[5] 米国国立標準技術研究所 NIST Chemistry WebBook
http://webbook.nist.gov/chemistry/
[6] 『化学便覧 基礎編 改訂 5 版』，日本化学会編，丸善（2004）．
[7] "International Critical Tables of Numerical Data, Physics, Chemistry and Technology", E.W. Washburn 編，McGraw-Hill（1928）．

# 索引

## あ行

圧縮率因子　17
圧力　2
圧力組成図　155
一次の相転移　136
引力　15
運動エネルギー　39
永久機関　33
液々平衡　162
液相線　156
エネルギー　30
エネルギー保存則　33
エンタルピー　56
エントロピー　84
エントロピー最大の状態　93
オイラーの定理　121
温度　2
温度組成図　158, 159

## か行

外界　30
開放系　116
化学反応　116
化学反応平衡　6
化学反応平衡定数　168
化学ポテンシャル　119
可逆　92
可逆過程　45
活量　150
活量係数　150
過渡的状態　4
下部逆転温度　67
下部臨界点　162
下部臨界溶解温度　162
可変数　122
カルノーエンジン　72
カルノーエンジンの熱効率　77
カルノーサイクル　72
過冷却状態　26
換算圧力　22
換算温度　22
換算体積　22
完全微分　32
気液共存線　126
気液平衡状態　118
気相線　156
気体定数　14
ギブズ－デュエムの式　122
ギブズの自由エネルギー　98
ギブズの相律　123
ギブズ－ヘルムホルツの式　112
凝固点降下　148
凝集　60
共沸　160

索　引

共沸混合物　160
極小沸点　160
極大沸点　160
巨視系　2
巨視量　2

クラウジウス-クラペイロンの式　134
クラウジウスの不等式　93
クラペイロンの式　133

系　2
経路　30

固液共存線　126
固気共存線　126
孤立系　34, 93
混合エンタルピー　140
混合エントロピー　140
混合自由エネルギー　140
混合体積　140

## さ　行

最大仕事　44
最大の仕事　97
最大の非膨張仕事　100
三重点　126
残余エントロピー　86

示強変数　40
四極子モーメント　16
仕事　30
実在気体　14
実在溶液　150
シャルルの法則　14
終状態　30

自由膨張　42
ジュール-トムソン係数　67
ジュール-トムソン効果　67
ジュール-トムソンの実験　65
ジュールのサイクル　80
ジュールの実験　47
準安定状態　26
循環過程　72
準静的過程　45
昇華　60
昇華圧曲線　126
昇華エンタルピー　135
昇華点　128
蒸気圧曲線　126
状態関数　30
状態方程式　14
状態量　30
蒸発　60
上部逆転温度　67
上部臨界点　162
上部臨界溶解温度　162
蒸留塔　160
初状態　30
示量変数　40
浸透圧　149

水素結合　16
スピノーダル線　26

生成　62
静電相互作用　16
斥力　15
遷移状態　169
遷移状態理論　169
全微分　46

索　引

双極子モーメント　16
相図　126
相転移　60
相分離　162
束一的性質　146

## た 行

対応状態の原理　22
第三ビリアル係数　24
第三法則エントロピー　88
体積　2
第二ビリアル係数　24
単蒸留　160
断熱過程　48
断熱線　53
断熱壁　4
断熱膨張過程　50
超臨界流体　21
定圧熱容量　57
定積過程　38
定積熱容量　46
てこの原理　158
転移　87
電気化学的　100
電気化学的な仕事　34
等エンタルピー過程　67
等温圧縮率　52
等温線　18
同次式　121
動力学　6
ドッキング自由エネルギー　169
トルートンの規則　87

ドルトンの法則　14

## な 行

内圧　47
内部エネルギー　30
二次の相転移　136
二相共存線　132
熱　30
熱機関　78
熱効率　76
熱平衡状態　2, 4
熱力学第一法則　30
熱力学第二法則　77
熱力学第三法則　86
熱力学的状態方程式　106
熱量計　38

## は 行

排除体積　16
半透膜　149
反応　61
反応進行度　166
反応速度論　7
反応平衡定数　6
ヒートポンプ　79
微視系　2
微小変化　32
微視量　2
非平衡状態　4
標準エンタルピー変化　60
標準状態　59
標準生成エンタルピー　62

索　引

標準大気圧　59
標準反応エンタルピー　61
標準反応ギブズ自由エネルギー　100
標準モルエントロピー　88
ビリアル方程式　24
不安定状態　26
ファン・デル・ワールス係数　24
ファン・デル・ワールス式　24
ファン・デル・ワールス力　15
ファン・デル・ワールスループ　24
ファント・ホッフの式　149
フェーン現象　51
不可逆　92
不可逆過程　45
フガシティー　108
フガシティー係数　108
不完全微分　32
物質量　2
沸点　128
沸点上昇　148
部分モルエンタルピー　122
部分モルエントロピー　122
部分モル体積　121
部分モル量　122
普遍性原理　22
分極　16
分子間相互作用　14
分留　160
閉鎖系　116
ヘスの法則　63
ヘルムホルツの自由エネルギー　96
ヘンリーの法則　146

ボイルの法則　14
膨張仕事　34
膨張率　52
ポテンシャルエネルギー　8

## ま 行

マクスウェルの関係式　105
マクスウェルの等面積則　26
モル凝固点降下定数　148
モル自由エネルギー　120
モル沸点上昇定数　148
融解曲線　126
融点　128
溶解　116

## ら 行

ラウールの法則　142
理想気体　14
理想希薄溶液　146
理想混合　142
理想溶液　142
臨界圧力　22
臨界温度　21
臨界組成　162
臨界定数　22
臨界点　21
臨界密度　22
ル・シャトリエの法則　173

## 欧 字

$PV$ 仕事　36

著者略歴

**岡崎　進**(おかざき　すすむ)

1982年　京都大学大学院工学研究科工業化学専攻博士課程修了（工学博士）
現　在　名古屋大学大学院工学研究科化学・生物工学専攻教授

主要著書
「コンピュータ・シミュレーションの基礎　第2版」（共著，化学同人，2013）
「生体系のコンピュータ・シミュレーション」（共著，化学同人，2002）

---

ライブラリ 大学基礎化学＝B2
物質の熱力学的ふるまいとその原理
── 化学熱力学 ──

2016年12月10日ⓒ　　　　　　　　初版発行

著　者　岡崎　進　　　　発行者　森平　敏孝
　　　　　　　　　　　　印刷者　大道　成則

発行所　株式会社　サイエンス社
〒151-0051　東京都渋谷区千駄ヶ谷1丁目3番25号
営業　☎ (03)5474-8500　（代）　振替 00170-7-2387
編集　☎ (03)5474-8600　（代）
FAX　☎ (03)5474-8900

印刷・製本　太洋社
《検印省略》

本書の内容を無断で複写複製することは，著作者および出版社の権利を侵害することがありますので，その場合にはあらかじめ小社あて許諾をお求め下さい。

サイエンス社のホームページのご案内
http://www.saiensu.co.jp
ご意見・ご要望は
rikei@saiensu.co.jp　まで．

ISBN978-4-7819-1391-9

PRINTED IN JAPAN

## 化学熱力学 ［新訂版］
渡辺　啓著　Ａ５・本体1650円

## 物理化学
渡辺　啓著　Ａ５・本体2200円

## 基礎 物理化学Ⅰ・Ⅱ
山内　淳著　２色刷・Ａ５・本体各1900円

## 演習化学熱力学 ［新訂版］
渡辺　啓著　Ａ５・本体1850円

## 演習物理化学 ［新訂版］
渡辺　啓著　Ａ５・本体1950円

## 基礎 物理化学演習Ⅰ・Ⅱ
山内　淳著　２色刷・Ａ５・Ⅰ：本体2200円
　　　　　　　　　　　　　　　Ⅱ：本体1900円

＊表示価格は全て税抜きです．

サイエンス社